# 离散裂缝
# 数值模拟技术

李俊超◎著



中国石化出版社
·北京·

**内 容 提 要**

本书基于作者长期以来的研究内容以及国内外最新研究成果，系统介绍了裂缝性油气藏的数值模拟方法和流程，主要包括：裂缝性油气藏流动机理并建立相应的数学方程、裂缝性油气藏常规数值模拟方法、多尺度数值计算方法的原理与数学模型、裂缝性油气藏粗化模拟方法、裂缝性油气藏自适应网格模拟方法，并介绍了相关数值模拟方法的一些应用情况。

本书可供从事油气田开发的科技人员使用，也可供石油院校相关专业师生参考。

**图书在版编目(CIP)数据**

离散裂缝数值模拟技术 / 李俊超著 .—北京：中国石化出版社，2023. 10
ISBN 978-7-5114-6845-1

Ⅰ. ①离… Ⅱ. ①李… Ⅲ. ①裂缝性油气藏-数值模拟 Ⅳ. ①O242. 1

中国国家版本馆 CIP 数据核字(2023)第 199619 号



**中国石化出版社出版发行**
地址：北京市东城区安定门外大街 58 号
邮编：100011 电话：(010)57512500
发行部电话：(010)57512575
http://www.sinopec-press.com
E-mail：press@sinopec.com
北京科信印刷有限公司印刷
全国各地新华书店经销

*

787 毫米×1092 毫米 16 开本 9.25 印张 151 千字
2023 年 10 月第 1 版 2023 年 10 月第 1 次印刷
定价：56.00 元

# 前言 PREFACE

裂缝性储层是指裂缝对流体流动具有重要影响的一类储层。当前，国内外天然裂缝性油气资源量巨大，国内发现的大量裂缝性油气藏类型繁多，包括碳酸盐岩裂缝性油气藏、低渗透砂岩裂缝性油气藏与砂砾岩裂缝性油气藏等。另外，随着低渗透至超低渗透以及各类非常规油气资源开发的不断深入，压裂开发技术得到了大规模使用，压裂改造区存在由人工裂缝或人工-天然裂缝交错形成的复杂缝网，可以视为一个小型的复杂裂缝性储层。可以说，提高裂缝性油气藏的开发水平，对国内石油工业稳定持续发展具有至关重要的作用。

与常规孔隙性油气藏相比，裂缝性油气藏在岩性、储集空间、渗流机理特征与参数不确定性等诸多方面存在明显的差异，开发过程也表现出明显的差异化特征。例如，裂缝性油气藏水驱开发效果受裂缝空间分布与方向影响巨大，注入水沿着裂缝推进，容易导致部分生产井快速水窜，开发风险极高。可以说，当前技术条件下，裂缝精细描述、裂缝建模及开发方案设计等方面都面临着很大的挑战。在此现状下，如何针对裂缝性油气藏的特点，提出有效的精细建模与数值模拟方法，显得尤为关键。

目前，国内外对裂缝性油气藏的开发实例诸多，而针对裂缝性储层建模与数值模拟方法及技术早从20世纪60年代就开始，至今已有不少研究成果。其中具有里程碑意义的是 Warren 和 Root 于 1963 年提出的双孔介质模型，该模型采用一套独立的网格系统等效表征裂缝介质，有效模拟了裂缝的一些渗透特征，至今仍是裂缝数值模拟最主流的模型。然而，随着裂缝探测技术以及地质建模技术不断精细化与定量化，包括双孔介质模型在内的许多原有方法与技术已经无法满足当前裂缝性油气藏精细建模与数值模拟的技术需求。

本书针对裂缝建模精细化与数值模拟大型化这两个发展方向的要求，总结了国内外先进的科研成果，系统介绍了新一代裂缝性油气藏精细建模与数值模拟技术——多尺度裂缝、离散裂缝建模与数值模拟方法及流程。全书分为5章：第一章主要介绍裂缝性油气藏的概况，并总结了当前裂缝性油气藏建模与数值模拟的方法；第二章介绍了不同尺寸裂缝的储层地质建模方法，针对不同尺度裂缝的渗流特征，介绍了微小裂缝、中小尺度以及构造裂缝、压裂裂缝的处理方法；第三章介绍了基于非结构化网格和传导率联通表的离散裂缝数值模拟方法，非常规油气藏复杂渗流模型、天然/人工裂缝渗流与岩石应力动态耦合模型，以及注水动态诱导裂缝等复杂数值模拟模型；第四章介绍了升尺度方法在国内外裂缝性油气藏开发的应用实例；第五章对比了各种方法的优缺点及应用范围，并总结未来发展趋势。

本书获“西安石油大学优秀学术著作出版基金”资助，在此深表感谢！

由于作者水平有限，纰漏在所难免，敬请广大读者批评指正。

**作者**

**2023年3月**

# 目录 CONTENTS

# 第一章

# 绪　　论

## 第一节　裂缝性油气藏特征与研究背景

石油被称为工业的血液，关系到一个国家的经济发展、人民生活及国家安全等方方面面。国内裂缝性油气藏的探明地质储量已超过 40 亿 t，占总探明储量的 28%以上。与常规孔隙性油气藏相比，裂缝性油气藏储层结构和渗流机理非常复杂，集中表现在裂缝的规模、发育程度和分布情况的非均质性很强，裂缝建模及数值模拟的不确定性很大，科学制定开发决策非常困难。裂缝性储层的研究是现代石油工业的长期攻关重点课题之一。

裂缝性储层是指裂缝对流体的流动具有重要影响的储层(见图 1-1)。与常规孔隙性油气藏相比，裂缝性储层在储层结构和驱油机理等方面存在本质的差异，主要表现在以下几个方面：

图 1-1　一个典型的天然裂缝性储层露头

(1) 岩性复杂、岩相变化大，造成对于岩性的识别与预测难度很大；

(2) 油气储集空间类型和渗流机理特征复杂；

(3) 缝洞分布的随机性强，缝洞识别与预测难度大，科学布井困难；

(4) 储层应力敏感性强，一次开采时由于压力降低、储层变形，导致渗透率和产能大幅度下降；

(5) 由于裂缝存在，开发过程中边底水或注入水容易发生水窜，底水锥进很快，开发风险增大。

可以看出，裂缝性储层不论是在储层描述、裂缝建模还是在开发方案设计方面都存在很大的挑战，集开发领域多种难题于一体。如何针对以上特点提出有效的建模与数值模拟方法，将对裂缝性油气藏的科学开发起着至关重要的作用。

## 第二节　裂缝性油气藏数值模拟方法的技术现状

### 一、裂缝性油气藏数值模拟方法

针对裂缝的特性，当前有双重介质模型和离散裂缝模型两种方法来对裂缝进行描述，并为后续数值模拟提供模型与参数。这两种模型分别具有不同的特点和适应性：等效介质模型的优点是稳定高效，但是精度较低，只适用于中小裂缝发育的区域，不适合对全油藏流动具有重大影响的大尺度裂缝的情形；而离散裂缝模型的特点是对裂缝刻画精细、数值模拟精度高(见图 1-2)。

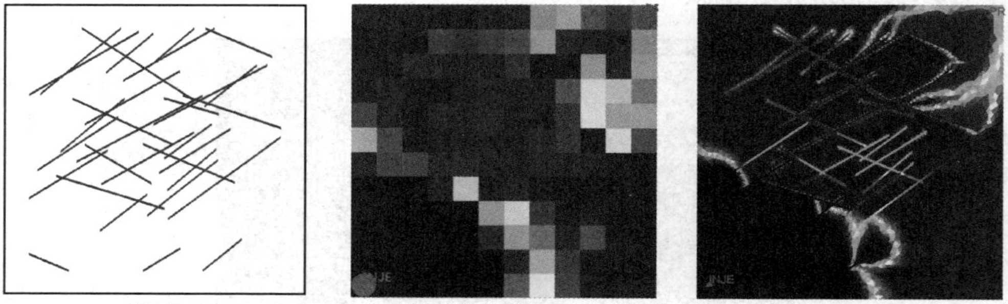

(a)裂缝模型　(b)双重介质模型　(c)离散裂缝模型

图 1-2　裂缝模型及其对应的双重介质模型与离散裂缝模型示意图

双重介质模型也称双孔模型(Dual Porosity Model，DP 模型)，最早由 Barenblatt 和 Zheltov 于 1960 年提出，其基本原理是将裂缝和岩石基质分开处理，通过裂缝-基质窜流方程模拟流体在两者之间的质量交换。Warren 和 Root 于 1963 年首次提出了一个用于油藏模拟的双孔介质模型，该模型成为裂缝性油气藏模拟的理论基础。Warren-Root 模型对裂缝的分布采用理想化假设，假定油藏基质理想分布成一个个的小立方体，而每个立方体的外表面都被裂缝所包围。双孔模型的一个重要参数是基质与裂缝之间的窜流系数，其反映了基质流体向裂缝窜流的能力。窜流系数的几何部分称为形状因子，建立双孔模型的一个关键点就是形状因子的确定。

1976 年 Kazemi 等人将 Warren-Root 单相模型扩展到两相模型，并提出了相对渗透率、重力作用及渗吸作用等裂缝性油气藏渗流机理的形状因子计算公式。Thomas 等人于 1983 年提出了一个三维三相裂缝性油气藏模拟器。

Blaskovich 等、Hill 和 Thomas 及 Sonier 等考虑基质渗流不可忽略的情形，先后提出并发展了双孔双渗模型并考虑了基质中的相分离现象。1988 年，Gilman 和 Kazemi 在他们提出的模型中考虑了双孔双渗模型中的重力效应。

现有双孔模型在模拟强连通的裂缝系统和大尺度流体流动时得到了较好的应用，但是由于模型采用一些较强的理想化假设与近似处理，造成应用于实际油气藏时精度无法保证。例如，双孔模型通常认为流动参数(压力和饱和度等)在基质网格中都是均一定值，以及对裂缝分布采用理想化栅栏型垂直正交假设等。

为了克服上述缺点，Dykhuizen、Zimmerman 等、Penuela 等以及 Sarma 和 Aziz 等人于不同时间分别提出了与时间或饱和度相关的传输方程模型，以模拟裂缝性储层基质的非均一性(如饱和度在基质中的变化)。

Pruess 和 Narasimhan、Wu 和 Pruess 分别于 1985 年及 1988 年对双重介质模型进行扩展，提出了一个多重连续介质模型(Multiple Interacting Continua Model, MINC)。该模型精细划分基质块描述裂缝和基质间的压力梯度，提高了油藏渗吸、驱替以及缝洞型介质等情形下的精度，然而其对裂缝的真实分布仍然缺乏考虑。

与等效连续模型用规则网格块描述裂缝系统不同，离散裂缝模型(Discrete Fracture Model，DFM)直接用具有不同尺度和形态的裂缝片组成裂缝网络，以离散数据形式来描述裂缝系统。离散裂缝模型是目前世界上描述裂缝的一种先进方法，该方法通过展布三维空间中各类裂缝片组成的裂缝网络构建整体的裂缝模型，每类裂缝网络由大量具有不同形状、尺寸、开度、方位及所附带的基质块等属性的裂缝片组成，实现了对裂缝系统从几何形态到渗流行为的逼真细致的有效描述。

离散裂缝模型的发展来源于20世纪70年代的离散裂缝网络(Discrete Fracture Network，DFN)的提出。这两个概念有所区别，离散裂缝模型表示用于数值模拟的网格模型，离散裂缝网络则表示对储层裂缝系统的描述与刻画。早期离散裂缝网络一般只用于双孔模型参数的计算，一方面是由于技术的限制，另一方面则是因为传统离散裂缝描述主要依靠裂缝地质统计学随机建模获得，采用等效介质模型进行数值模拟可以与裂缝描述不确定性大的现实相匹配，也便于与蒙特卡洛、集合卡尔曼滤波等随机方法结合应用。例如，Bourbiaux等人在1998年提出了一种基于复杂裂缝系统的优化算法，用于确定双孔模型的参数，并改进了复杂裂缝性油气藏对基质-裂缝之间的传输方程。与之相似，Dershowitz等于2000年、Sarda等于2002年分别提出了基于离散裂缝网络构建双孔模型的方法。此外，Li和Lee、Vitel和Souche及Moinfar等人也在这方面进行了研究与扩展。这些方法在一定程度上用到了离散裂缝的思路，但是仍然在裂缝分布及基质物性等方面采用了很多简化和假设。

随着裂缝识别预测技术、非结构化网格剖分技术、计算机科学技术以及数值计算方法等领域的发展，离散裂缝模型数值模拟技术有了理论依据及实现可能。Baca等人于1984年提出了一个二维离散裂缝模型，用于模拟单相流动中的能量与溶质运移。Juanes等人在2002年推导了基于有限元方法的单相流动方程，可适用于二维及三维离散裂缝模型。2005年Matthäi等人利用三维非结构化混合网格，提出了基于有限体积法的三维离散裂缝模型，并将模型应用于两相流动模拟。

离散裂缝模型多采用非结构化网格对模型进行离散化。Aavatsmark和Edwards提出了任意形状网格的传导率计算方法。Karimi-Fard等人于2003年和2004年分别提出了基于有限元法和有限体积法的离散裂缝模型。该方法采用对裂缝结合体进行降维简化处理，在保证精度的同时，提高了模型适用性，成功应用到了二维油藏和三维油藏中的单相和多相流模拟。Sandve等人于2012年在Karimi-Fard模型的基础上，提出了离散裂缝模型多点流传导率计算公式。

离散裂缝模型的出现，大大提高了复杂裂缝性储层数值模拟的分辨率与精度，然而由于其分辨率高、网格数量大、采用非结构化网格等原因，离散裂缝模型的实际应用仍然存在计算效率等方面的挑战。总的来说，双孔模型和离散裂缝方法采用的是截然不同的两种思路，对同一裂缝性储层的描述也有很大的差异(见图1-3)，两者在模拟精度与模拟效率等方面各有利弊。

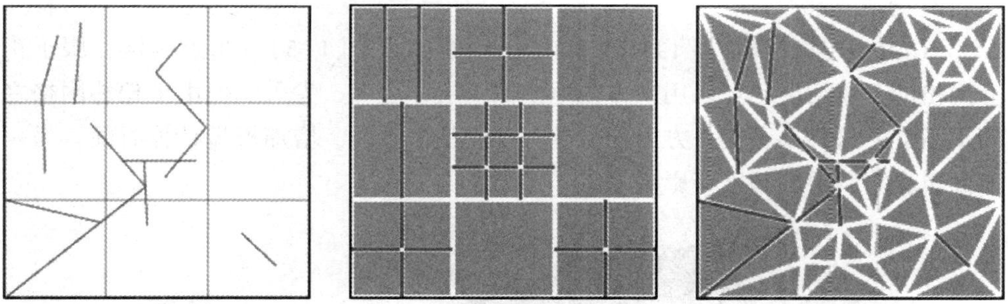


图 1-3 双孔模型与离散裂缝模型对比

（浅色网格表示基质；深色网格表示裂缝）

## 二、裂缝性油气藏数值模拟网格

油气藏流动问题和其他实际物理模型一样，控制方程较复杂，通常很难求出解析解。数值求解方法通过将控制方程离散化，并建立每个离散区域内的简化假设，得以将全空间“无限”问题的求解转变成“有限”离散点的求解。其中，每一个离散的区域就是一个数值计算网格。

目前，油气藏数值模拟中常用的网格有正交网格、角点网格、PEBI 网格、三角形/四面体网格、层状非结构化网格等。

1. 正交网格

正交网格(见图 1-4)是最常见网格，目前仍然被广泛应用。由于其计算速度快，一些大型油气田经常采用此类型，如 ADCO 的 Thamama 和 ZADCO 的 UZ 油田组分模型，有上百万个网格节点，若采用其他网格类型，会大大增加计算时间，同时也有研究认为正交网格计算结果比其他网格精确。

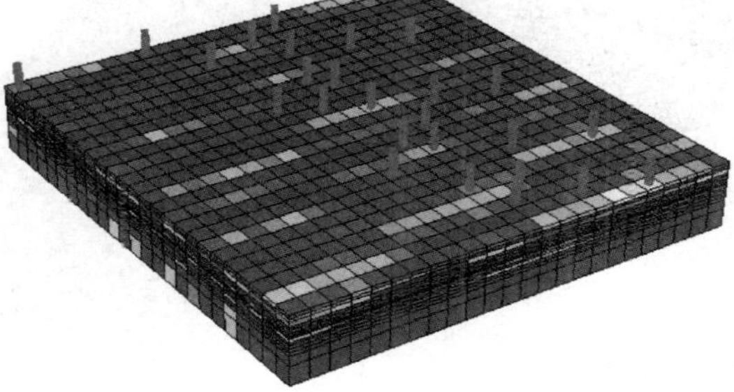

图 1-4 正交网格示意图

2. 角点网格

ECLIPSE 软件最早在 1983 年推出角点网格(见图 1-5)，角点网格克服了正交网格的不灵活性，可以用来方便地模拟断层、边界、尖灭。但由于相邻网格之间不正交，这种不正交一方面给传导率计算带来难度，增加模拟计算时间，另一方面也会对结果的精度有影响。

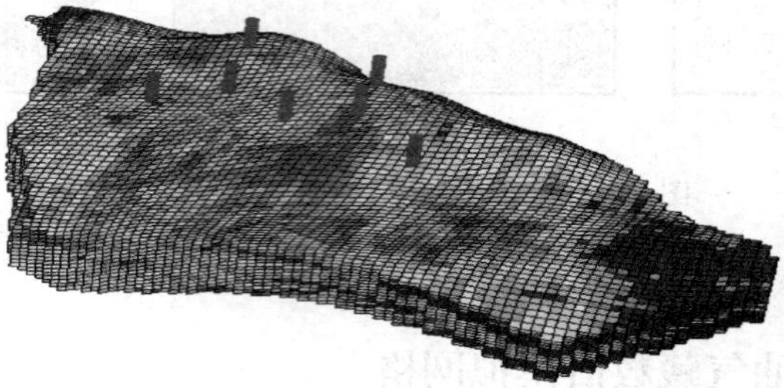

图 1-5　角点网格示意图

3. PEBI 网格

SURE 软件于 1987 年推出 PEBI 网格(见图 1-6)描述油藏。PEBI 网格源于 1908 年产生的 Voronoi 网格，其主要特点是灵活且正交。PEBI 网格体系提供了方便的方法来建立混合网格，如模型整体采用正交网格，而对断层、井、边界等采用径向、六边形或其他网格。网格间的传达率可以自动计算。PEBI 网格的灵活性对模拟直井或水平井的锥进问题非常有用。另外，PEBI 网格可以用来精确模拟试井问题。同时，PEBI 网格降低了网格走向对结果的影响。PEBI 网格的缺点是系统矩阵比直角正交网格要复杂得多，需要更加有效的解法。

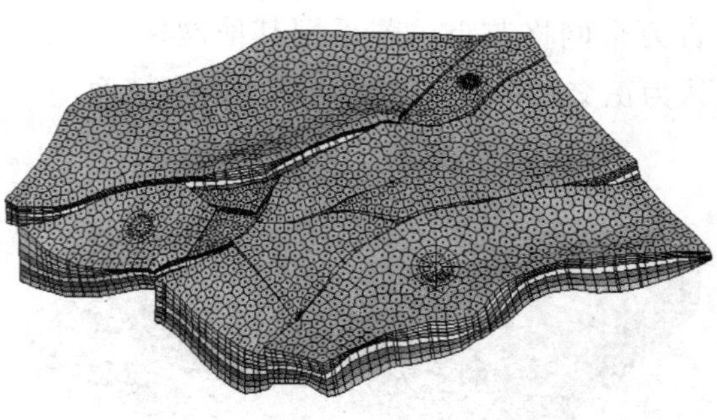

图 1-6　PEBI 网格示意图

4. 三角形/四面体网格

PEBI 网格相比正交网格和角点网格而言，其灵活性有了很大的提高，但是对于三维空间复杂断层或者复杂裂缝体系的油藏问题，要进行 PEBI 网格剖分往往很难。三角形(2D)/四面体(3D)网格(见图 1-7)就是一种更为灵活的网格，可以适应复杂的断层或者裂缝系统的几何约束。由于三角形/四面体不符合正交特性，需要特殊的传导率处理方法。

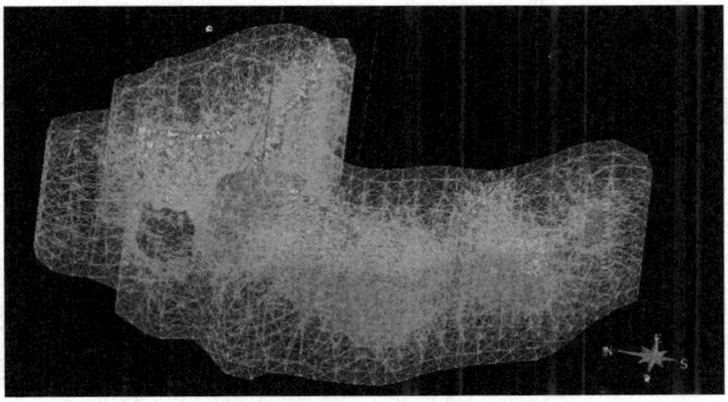

图 1-7　三角形/四面体网格示意图

按照拓扑关系，可将上述油藏网格分为结构化网格和非结构化网格。

结构化网格是指具有规则拓扑关系的网格，网格区域内的内部点具有相同的毗邻单元，即与网格剖分区域内任一内部点相连的网格数目相同。最常见的结构化网格有正交网格和角点网格。如三维角点网格中，与区域内任一内部点相连的网格数为 6。

非结构化网格是指没有规则拓扑关系的网格，非结构化网格区域内的内部点不具有相同的毗邻单元，即与网格剖分区域内的不同内部点相连的网格数目不一定相同。其中最常见的是 PEBI 网格、三角形(2D)/四面体(3D)网格。

结构化网格和非结构化网格都是数值计算网格，其区别在于是否具有规则的拓扑关系。前者网格区域内的内部点具有相同的毗邻单元，而后者则不一定。

在灵活性方面，非结构化网格要优于结构化网格，其中三角形/四面体网格又要优于 PEBI 网格。

结构化网格的几何适应能力通常较差，且很难处理网格疏密过渡；但结构化网格在贴体单元的生成和特定物理现象的捕捉上仍然有着自己独特的优势，因此在如 CFD 等特定研究领域仍然有广泛的应用，且目前仍在深入研究中。相对于结构化网格，非结构化网格对复杂区域边界和约束情形有很强的适应能力，且能在连续区域内实施网格疏密控制，由此在众多领域都有很好的应用，是当前网格生成技术研究的主要对象。

就计算精度而言，网格数值计算的精度主要与网格 K 正交性相关，与网格结构化特性没有必然联系。

就计算效率而言，由于结构化网格求解的矩阵比较规则，非零元素分布有规律，便于发展具有针对性的数据存储方法和求解算法，因而一般具有更高的计算效率。

5. 层状非结构化网格(三棱柱网格)

裂缝按照倾角大小，可分为垂直缝、高角度缝、斜交缝和低角度缝等几种，其中垂直缝和高角度缝发育的储层称为高角度裂缝性储层。

该类储层的地质建模方法及数值模拟方法是优化其开发方式、提高其石油采收率的关键技术。目前，地质建模中广泛使用的角点网格模型虽然操作方便、模型直观，但由于其属于结构化的六面体网格，受此限制，无法简便、精确地描述裂缝网络；而针对裂缝性储层开发的离散裂缝模型虽然能够精确刻画每一条裂缝的位置与倾角，但由于其采用非结构化的四面体网格进行空间划分，使地层方向与垂直地层方向相互耦合，而一般地层垂向厚度比水平面内尺度小很多，这使得离散裂缝模型无法保证数值模拟过程同时具备较快的速度和较高的精度。另外，离散裂缝模型建模过程困难复杂、不确定性高、自动化程度较低。

## 三、离散裂缝模型粗化方法

网格粗化是指降低网格数量，提高计算速度的过程。对于任何网格粗化方法，有以下两个主要考虑的问题。

(1) 粗化模型的参数。根据粗化模型的参数，粗化方法可分为渗透率和传导率粗化方法。许多文献结果表明，传导率粗化通常比渗透率粗化精度更高，也更加稳定。

(2) 粗化参数计算包含的区域。根据计算区域的不同，粗化方法可分为全局粗化和局部粗化方法。在局部粗化方法中，传导率等粗化模型参数由每个传导率所在的局部区域(或者扩展的局部区域)计算得到。而全局粗化方法则是通过全局区域计算所有粗化模型的参数。一般而言，全局粗化方法精度更高，但是所需的计算成本较高。

前人提出了许多不同类型的网格粗化方法，以适用于不同类型的模型，这方面的研究与进展可参考一些文献综述。

Chen 等在他们发表的一系列文章中提出了一种局部–全局粗化方法，该方法采用与多尺度方法类似的反演迭代流程，避免了传统全局粗化方法所需的全局细网格压力场模拟，精度上可与传统全局粗化方法相当。然而其仅适用于正交性网格系统。

一般而言，粗网格模型需要考虑渗透率各向异性效应，即使在细网格模型是各向同性介质。与之类似，Jenny 等(2003)、Lambers 等(2008)与 Chen 等(2008)分别提出了考虑粗模型渗透率各向异性的多点流传导率粗化方法。Chen 等在局部-全局粗化方法的基础上，提出了一种非线性两点流近似传导率粗化方法来近似多点流传导率。同样，这些方法都无法处理离散裂缝模型非结构化网格。

近年来，随着离散裂缝模型的推广，一些学者提出了离散裂缝模型与双孔模型相结合的建模思想。Gong 等(2008)提出了多级子区域(Multiple Subregion, MSR)粗化方法。该方法通过流动模拟方法，将离散裂缝模型非结构化网格粗化称为等效多重介质模型。由于 MSR 方法直接基于离散裂缝数值模拟网格的压力场，因此精度较高，被应用于不同规模的油藏实例中。基于 MSR 方法，Karimi-Fard 和 Durlofsky(2014)提出了一个自适应网格加密(Adaptive Mesh Refine, AMR)粗化方法。该方法实现了对驱替相前沿追踪并自动加密，可以提高非混相多相流动问题的精度。

## 四、现有方法存在的问题

针对前述研究发展现状，当前裂缝性储层建模与数值模拟技术方面存在的主要问题如下：

(1) 离散裂缝模型通常来自裂缝地质统计学随机建模方法，缺乏基于现有高分辨率地球物理技术，如微地震检测技术、地震解释技术以及 FMI 成像测井技术的确定性建模方法。

(2) 由于受到非结构化网格剖分、非结构化网格传导率算法、计算效率等多方面的制约，离散裂缝模型难以直接应用于大规模油气藏数值模拟。

(3) 针对离散裂缝模型的粗化技术的研究较少，与传统正交网格等结构化网格模型相比，在粗化流程、渗透率各向异性效应等方面的研究严重滞后。

(4) 现有数值模拟模型未区分不同性质的裂缝系统，对不同级别的裂缝系统采用同样的处理手段，计算效率与计算精度无法达到很好的平衡。

# 第二章

# 裂缝的描述与表征

## 第一节　裂缝的识别与来源

（1）野外露头研究及构造成因分析

野外露头是进行地质研究最好的实验室。通过野外露头进行裂缝研究，可以直观地、全面地考察裂缝的发育特征，包括裂缝参数本身特征、裂缝在不同构造部位的发育特征、裂缝与岩性岩相的关系及裂缝的总体发育特征。通过野外露头裂缝与地下相应储层裂缝比较可以指导对地下裂缝的认识。

（2）岩心识别及研究方法

岩心裂缝的仔细观察描述是整个裂缝研究的基础，它能直观地反映地下裂缝的真实状态。其基本想法是：一方面，直接地认识地下裂缝的特征，通过岩心并结合其他资料，能比较准确地识别天然裂缝和人工裂缝，特别是能判断及了解裂缝在地下的开启程度；另一方面，通过对岩心的仔细观察描述，与测井资料进行比较分析，了解岩心裂缝在测井上的响应特征。

（3）利用测井资料识别裂缝的方法

测井资料是油气田勘探开发基础且重要的资料之一。除岩心以外，测井资料是反映地下地层(油层)结构最全面、最直接，又是每口井都必有的资料。所以，根据每口井的测井资料进行裂缝识别是很重要的工作。就像刚得到一口新井的测井资料、正确识别油气水层的工作一样重要。多年来的实践证明，每次对地下油藏认识水平的提高，很大程度上取决于先进的测井技术的发展。近年来，成像测井技术的出现，为裂缝性储层的认识提供了很大的帮助，极大地推动了利用常规测井资料识别裂缝技术的发展。

（4）基于地震资料的离散裂缝重构

长期以来，离散裂缝模型受油藏测量数据、描述手段以及计算速度的限制，发展缓慢。以往，由于缺少全油藏尺度的基于地震及成像测井资料的高分辨率的方法，离散裂缝网络多采用基于前述裂缝地质统计学的方法进行建模。近年来，随着地震数据解释方法、微地震检测技术以及计算机科学技术等领域的巨大发展，辅以成像测井解释等技术的帮助，离散裂缝网络建模的可靠性在逐渐增强，使得通过离散裂缝网络建模真实刻画油藏裂缝分布的方法成为可能。

不同于以往随机性离散裂缝网络建模的思路，新的数据的可靠性和对裂缝的识别与分辨率都较高，因此出现了确定性离散裂缝网络建模的需求。然而，现阶段没有与之匹配的技术方法出现。本书提出了一种从地震/微地震数据到离散裂缝网络的新的建模方法，该方法提供了一种全新的确定性离散裂缝网络建模新思路。

（5）裂缝识别的动态方法和地应力场研究

除了上述介绍的利用露头、岩心、测井等资料进行裂缝识别外，还有许多动态资料能反映裂缝的特征，如泥浆漏失、气测录井信息、钻时钻具信息、固井质量信息、压裂施工信息、试油试采动态信息和试井信息等。动态资料可以从动态的角度对裂缝的有效性给予反映，特别是能反映裂缝在油藏开发中所起的各种作用。当油藏裂缝发育并且有效时，在钻井过程中、开发动态特征上就会有或强或弱的表现。

例如，对于裂缝性油气藏，试井解释可以定量计算出反映裂缝特征的参数，如有效渗透率、弹性储能比、窜流系数等。

有效渗透率，即利用试井资料确定的渗透率，反映了裂缝性油气藏储层段的总体渗透率，包括裂缝系统和基质岩块渗透率的综合效应。由于基质岩块渗透率小，因此试井解释的有效渗透率显著大于空气渗透率(基质岩块渗透率)。如火烧山油田不稳定试井结果计算的油层有效渗透率高达数百毫达西，远远大于储层基质的渗透率(几毫达西到几十毫达西)，显然是裂缝作用的结果。

弹性储能比，表示裂缝系统中原油的弹性储量与总系统弹性储量之比。该参数可作为评价裂缝发育程度的一个指标。$\omega$ 值越大，接近 1 时，则原油大部分存在于裂缝中，储集层即为纯裂缝型的储渗空间。$\omega$ 值多分布于 0.001~0.5。

窜流系数，其数值大小反映了流体从基质岩块系统流到裂缝系统的难易程度。$\lambda$ 值越大，流体越容易从基质岩块系统流到裂缝系统。

## 第二节　裂缝的表征

储层构造裂缝的参数可大致分为 3 种：定性参数、定量参数和物性参数。

(1) 定性参数。包括裂缝的性质、裂缝的组系、裂缝的充填性和裂缝的形态等。

(2) 定量参数。包括裂缝的几何参数(长度、高度、开度)、密度和强度等。

(3) 物性参数。包括裂缝的孔隙度、渗透率等。

由于本书着重研究离散裂缝的建模与数值模拟方法，对于裂缝表征参数的测量以简略介绍为主。

## 一、裂缝的产状

裂缝的产状主要包括方位角和倾角两个方面。

### (一) 裂缝方位角

裂缝方位是裂缝性储层开发研究的重要问题，直接关系到井网的布置。裂缝方位角的一个可靠测量手段是岩心观察，此外还可结合地震数据等地球物理资料，进行多资料分析，以确定储层裂缝的优势方位。

### (二) 裂缝倾角

裂缝倾角一般通过井上测量得到。根据研究，按倾角大小可将裂缝分为 5 种倾角类型，各类标准如表 2-1 所示。

**表 2-1 裂缝倾角分类**

| 倾角 $\alpha$ | 类型 | 统称 |
|---|---|---|
| $\alpha \geqslant 80°$ | 垂直缝 | 高角度缝 |
| $60° \leqslant \alpha < 80°$ | 高斜缝 | |
| $40° \leqslant \alpha < 60°$ | 中斜缝 | 中斜缝 |
| $10° \leqslant \alpha < 40°$ | 低斜缝 | 低角度缝 |
| $\alpha < 10°$ | 水平缝 | |

## 二、裂缝的密度

### (一) 线密度($D_L$)

裂缝线密度是指在单位长度内给定方位的平行裂缝条数，该参数适用于具有不同方位平行裂缝的储层，通常用于裂缝理论渗透率计算。线密度的倒数即为裂缝间距。线密度计算公式为：

$$D_L = \frac{n}{L} \tag{2-1}$$

式中 $n$——测区内裂缝总条数；

$L$——测量线段长度。

**（二）面密度（$D_S$）**

裂缝面密度是指单位面积内裂缝的条数。由于裂缝面密度测量的范围较大，没有方向约束，精度一般比线密度高。面密度计算公式为：

$$D_S = \frac{\sum_{i=1}^{n} l_i}{A} = \frac{L}{A} \tag{2-2}$$

式中 $l_i$——测区内裂缝 $i$ 的长度；

$L$——测区内所有裂缝的总长度；

$A$——测区正方形的面积。

**（三）体密度（$D_V$）**

裂缝体密度是指单位体积内的裂缝总表面积，又称为 $P_3^2$ 密度。

$$D_V = \frac{\sum_{i=1}^{n} a_i}{V} = \frac{A}{V} \tag{2-3}$$

式中 $a_i$——测区内裂缝 $i$ 的面积；

$A$——测区内所有裂缝的总面积；

$V$——测区体积。

除以上三种裂缝测度密度外，还有发育率、面孔率、裂隙度等衡量裂缝发育程序的参数，可根据需要统计。

## 三、裂缝的尺寸

如图 2-1 所示，裂缝的尺寸包括裂缝的延伸长度、纵向切深和地下开启度，分别称为裂缝的长度、高度和开度（也称宽度）。

**（一）裂缝长度与高度**

对于高角度缝和直劈缝来说，裂缝高度可以直接量取，然而对于裂缝长度则一般难以把握。

对于裂缝在平面的延伸长度目前还无有效的方法进行直接测量，主要是利用地面露头进行直接测算或者间接测算。例如，利用露头数据建立裂缝的延伸长度和垂向切深的关系，然后利月岩心或井孔成像测井资料得到裂缝纵向切深，间接

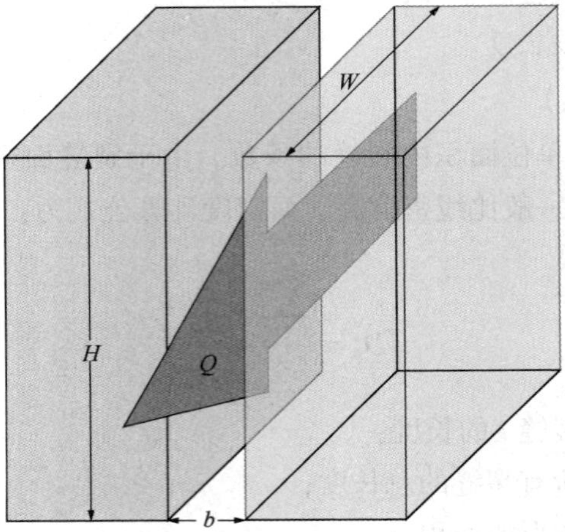

图 2-1　裂缝长度($W$)、高度($H$)和开度($b$)示意图

推算地下裂缝的延伸长度。也可以根据裂缝的力学性质定性分析裂缝的延伸情况，一般来说，剪切缝平面延伸较长，张性缝延伸相对短些。此外还有微地震测量、构造物理模拟等方法预测。其中动静结合的数值模拟方法是近年来发展较快而最有效的方法。

### (二) 裂缝的开度

裂缝开度是影响裂缝物性参数与储层开发效果的关键参数。裂缝开度的测量难度很大。裂缝开度随地层应力变化的敏感性较强，由于地面压力与储层压力相差很大，岩心上实测的裂缝开度值并不能直接代表地下裂缝的真实开启情况，一般需要用间接方法预测储层条件下的裂缝开度。目前对于裂缝开度的预测主要通过开度-应力敏感曲线方法、渗透率反推方法、弹塑性断裂力学有限元法等多种模型与方法。

### (三) 裂缝的形态和充填性

裂缝形态是影响裂缝孔隙度和渗透率的一个重要因素。包括 4 种基本类型：开启裂缝、变形裂缝、被矿物充填的裂缝及孔洞裂缝。

裂缝形态对其周围岩体的渗透率张量有很大影响。通常情况下，未充填的裂缝可大大提高裂缝平行于裂缝平面方向的渗透率，而对垂直于裂缝平面方向的渗透率则影响不大。充填裂缝对渗透率的影响与充填物的类型及充填程度有关，在未完全充填、孔洞或粒间孔隙发育的情况下，裂缝对渗流仍可起促进传导作用。孔洞对于储层渗流的影响与裂缝类似。

## 四、裂缝的物性参数

### （一）裂缝孔隙度

裂缝孔隙度包括宏观和微观裂缝孔隙度。

（1）宏观裂缝孔隙度

裂缝孔隙度主要与其几何尺寸（长度、高度和开度）有关，通常采用体积法来确定：

$$\varphi_f = \frac{V_f}{V_r} \times 100\% \tag{2-4}$$

对于单条裂缝，其体积为：

$$V_f = e\lambda l \tag{2-5}$$

对于裂缝组，其孔隙体积为：

$$V'_f = \frac{e\lambda l}{D} \tag{2-6}$$

式中 $\varphi_f$——裂缝孔隙度；
$V_f$——岩块上裂缝体积；
$V_r$——岩块体积；
$e$——裂缝开度；
$\lambda$——裂缝延伸长度；
$l$——裂缝切穿深度；
$D$——裂缝间距。

在岩心上，裂缝的体积与孔隙度可由下列公式计算。

对于垂直裂缝，其在岩心上的截面为一平板，则：

$$V_f = lhe \tag{2-7}$$

式中 $h$——裂缝在岩心截面上的长度。

对于倾斜裂缝，其在岩心上的截面为一椭圆，则：

$$V_f = \pi abe \tag{2-8}$$

其中，$a = h_{max} = 2R$，$b = l/\sin\theta$，故：

$$V_f = \frac{2\pi Rle}{\sin\theta} \tag{2-9}$$

式中 $a$——椭圆短轴长度；
$b$——椭圆长轴长度；

$\theta$——裂缝倾角；

$R$——岩心半径。

其他符号如前所述。

由岩心体积为 $V_r = \pi R^2 l$，因此有：

$$\varphi_f = \frac{2\pi Rle}{\pi R^2 l \sin\theta} = \frac{2e}{R\sin\theta}（裂缝倾斜） \tag{2-10}$$

或

$$\varphi_f = \frac{hle}{\pi R^2 l} = \frac{he}{\pi R^2}（裂缝垂直） \tag{2-11}$$

假设裂缝线密度为 $N$ 条/m，则其总孔隙度为：

$$\varphi_{fT} = N\varphi_f \tag{2-12}$$

上述表达式中，$h$、$l$、$e$、$R$、$\theta$ 等参数均可在岩心上直接测量。

对于单组平行裂缝，若其开度和间距分别为 $e$ 和 $D$，则裂缝的平均孔隙度为：

$$\varphi_f = \frac{e}{e+D} \times 100\% \tag{2-13}$$

另外，裂缝孔隙度还可采用地层弯曲的主曲率进行计算：

$$\varphi_f = \frac{T \cdot \frac{d^2 z}{dx^2}}{2 + T \cdot \frac{d^2 z}{dx^2}} \tag{2-14}$$

式中　$T$——中性面以上岩层厚度；

$d^2z/dx^2$——$x-z$ 坐标系中岩层$(x, z)$点的曲率。

（2）微观裂缝孔隙度

微观裂缝孔隙度一般采用统计方法进行计算，如薄片面积统计法：

$$\varphi_f = \frac{\sum_{i=1}^{n} b_i l_i}{S} \tag{2-15}$$

式中　$b_i$——微裂缝开度；

$l_i$——微裂缝长度；

$S$——薄片面积；

$n$——微裂缝条数。

这种方法最早由苏联地质勘探科学研究院提出，经 Cmexoba 和 Van Golf-

Racht 等人研究检验，认为具有足够的精度。

**（二）裂缝渗透率**

开度和密度是影响宏观裂缝渗透率的两个主要因素。对于宏观裂缝渗透率一般采用 Parsons 平板流动模型进行计算：

$$K_f=\frac{e_1^3}{12D_1}\cos\alpha+\frac{e_2^3}{12D_2}\cos\beta+\cdots \tag{2-16}$$

式中 $e$——裂缝开度；

$D$——裂缝间距；

$\alpha$，$\beta$——流体压力梯度轴与裂缝面的夹角。

# 第三节 离散裂缝网络建模方法

## 一、方法概述

随着地球物理技术的不断发展，将会有越来越多的数据资料成为确定性建模的来源，如基于地震波各向异性分析的裂缝解释方法，相干体、曲率体、蚂蚁体等反映断裂属性的地震体资料，微地震检测等（见图 2-2）。另外，以往认为“不确定”的数据可靠性也在不断提升，对于确定性建模方法的需求必将越来越强烈。由于本书的重点并不在于发展从地震、微地震、测井等地球物理数据资料到裂缝识别与预测的方法，而是在于提供了一种全新的确定性离散裂缝网络建模思路，因此本书将不详细讨论这些数据的理论基础以及可靠性。

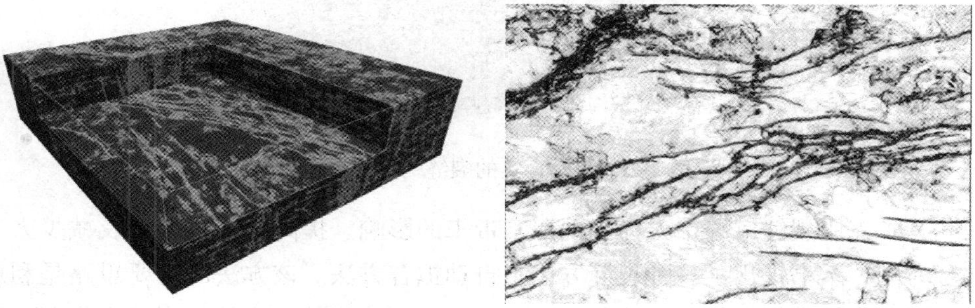

图 2-2 曲率数据体与对应离散裂缝网络模型示意图

总的来说，虽然确定性离散裂缝网络建模方法并不局限于具体数据类型以及裂缝类型，但是从现有的地球物理探测技术分辨率与裂缝的尺度来看，该方法更适用于人工水力压裂裂缝、构造断层及其他低密度、大尺度裂缝。

## 二、建模方法流程

在获取裂缝振幅与方位角的基础上，确定性方法流程分为四步：第一步，确定局部裂缝的强度及方位角信息；第二步，在背景地质网格中的每一个网格中，根据地震解释得到的裂缝方位角等几何信息生成一个裂缝单元；第三步，根据裂缝单元的位置以及展布，将这些裂缝单元进行横向连接；第四步，对各层裂缝进行纵向连接，以形成一个三维空间裂缝系统。至此，离散裂缝网络系统的重构工作就完成了。

### （一）裂缝方位角自动化拟合方法

对于某些基于地震解释的裂缝数据体，如 Thomsen 各向异性解释模型，裂缝解释参数中已有裂缝的方位角信息。然而，对于微地震或者曲率体等数据，数据点中仅包含裂缝强度而没有裂缝方位角，需要确定局部裂缝方位角信息。

以往裂缝方位角的确定往往通过人工手动描绘，这种方法适用于裂缝尺度较大、密度较小的裂缝，对于裂缝较多的模型则无能为力(见图 2-3)，而且裂缝的确定受人的主观性影响大。

图 2-3　一个真实的裂缝蚂蚁体数据图

为了克服裂缝解释中人为主观因素带来的影响、提高解释精度以及减少人工解释时间，本书提出了一种裂缝方位角自动拟合方法。该方法的主要思路是利用平面局部裂缝数据点的分布情况(见图 2-4)，拟合出最大可能的裂缝方位角。即以选取目标数据点为中心，选取同一层内周边 $N \times N$ 个数据点，进行裂缝各向异性线性或椭圆最小二乘拟合，得到拟合直线或者椭圆的长轴就是局部裂缝方位角。

设拟合函数为：

$$f(\boldsymbol{x},\ \boldsymbol{u})=0 \tag{2-17}$$

式中 $\boldsymbol{u}$——拟合参数向量；

$\boldsymbol{x}$——观测点向量，这里为地震数据点坐标，即：

$$\boldsymbol{x}=(x,\ y) \tag{2-18}$$

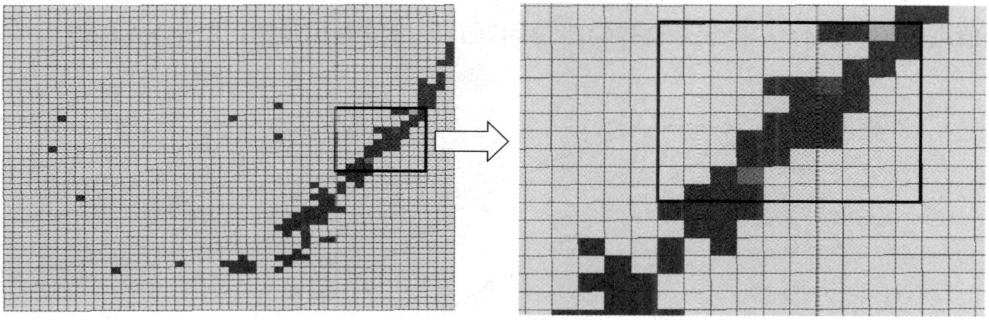

图 2-4 局部有效裂缝数据点分布

1. 椭圆方程

对于椭圆方程，式(2-17)具体形式为：

$$ax^2+bxy+cy^2+dx+ey+f=0 \tag{2-19}$$

拟合参数向量为：

$$\boldsymbol{u}=(a,\ b,\ c,\ d,\ e,\ f) \tag{2-20}$$

式(2-20)可利用线性最小二乘法直接求解，注意到参数向量 $\boldsymbol{u}$ 的任意倍数代表同一个椭圆，同时为避免解退化为平凡解，这里引入约束条件：

$$a=1 \tag{2-21}$$

另外，椭圆方程还必须满足约束：

$$b^2-4ac<0 \tag{2-22}$$

2. 直线方程

对于直线方程，式(2-17)为：

$$ax+by+c=0 \tag{2-23}$$

拟合参数向量为：

$$\boldsymbol{u}=(a,\ b,\ c) \tag{2-24}$$

约束条件为：

$$a=1 \text{ 或 } b=1 \tag{2-25}$$

3. 最小二乘拟合

选用最小二乘拟合式(2-17)的参数。对于 $n$ 组观测数据 $\boldsymbol{x}_i=(x_i,\ y_i)(i=1,\ 2,\ 3,\ \cdots,\ n)$，则其最小二乘目标函数为：

$$\min_u L=\min_u \sum_{i=1}^{n} \omega_i f(\boldsymbol{x}_i,\ \boldsymbol{u})^2 \tag{2-26}$$

其中，$\omega_i$ 为第 $i$ 个数据点的权重，这里可取为均一权重，也可根据数据点的值进行加权拟合。求解式(2-26)极值问题，即可得到拟合解(见图 2-5)。

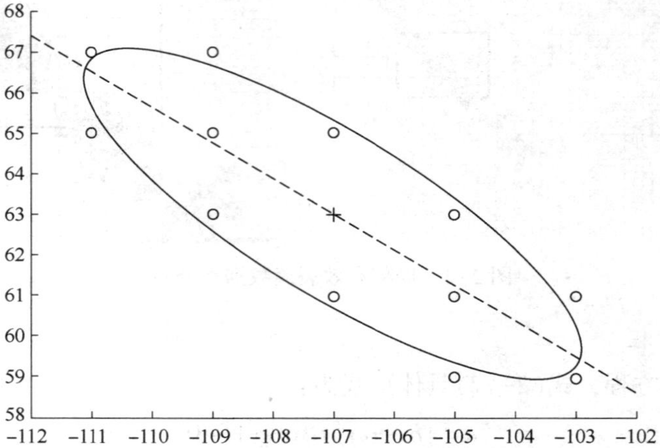


图 2-5 裂缝方位角拟合示意图

注：1. +为待拟合裂缝坐标；2. ○为裂缝地震数据点；

3. 虚线为线性拟合方法；4. 椭圆为椭圆拟合方法

裂缝方位角拟合的主要参数及其选取原则如下。

(1) 有效裂缝地震数据。根据实际地震数据进行筛选判断。

(2) 局部拟合区域。$N\times N$ 数据点区域，根据裂缝尺度与数据分辨率确定，局部拟合区域越大，得到的方位角与裂缝整体趋势越一致，一般可取约为 10×10 区域。

(3) 拟合方法。椭圆拟合或直线拟合，椭圆拟合方法比较符合各向异性模型的假设，在有效数据点较多时可以选用。对于有效数据点较少的情况，采用线性拟合结果更为稳定。

### (二) 平面裂缝元生成

有了局部裂缝的位置与方位角信息，即可在局部描绘一个裂缝单元，这里称为裂缝元。裂缝元表征真实裂缝在局部的效应，可能是一条长裂缝穿过局部的踪迹，也可能是若干条裂缝在局部的综合表现。由于确定性离散裂缝模型建立的目标是基于离散裂缝模型的数值模拟，因此本书选择用平面多边形几何体来表征局部裂缝元，这有利于裂缝几何信息的确定，便于后续离散裂缝模型非结构化网格剖分。由于裂缝方位角来源于平面内数据点的拟合，因此其描绘的裂缝元反映的也是裂缝在该平面内的特性，因此这里假设裂缝元为垂直平面。

裂缝元的具体几何参数（多边形顶点）可通过无穷大平面与六面体网格的交点确定。设裂缝元的方位角为 $\theta$，裂缝元的坐标为（$x_f$，$y_f$，$z_f$），则其对应的平面方程为：

$$\cos\theta(x-x_f)-\sin\theta(y-y_f)=0 \tag{2-27}$$

假设某一网格边的控制点为（$x_1$，$y_1$，$z_1$）和（$x_2$，$y_2$，$z_2$），其对应的直线方程为：

$$\begin{cases}\dfrac{x-x_1}{x_2-x_1}=t(x_1\neq x_2)\text{或}x=x_1(x_1=x_2)\\\dfrac{y-y_1}{y_2-y_1}=t(y_1\neq y_2)\text{或}y=y_1(y_1=y_2)\\\dfrac{z-z_1}{z_2-z_1}=t(z_1\neq z_2)\text{或}z=z_1(z_1=z_2)\end{cases} \tag{2-28}$$

联立式（2-27）与式（2-28）可求得平面与直线的交点（$x_0$，$y_0$，$z_0$），若交点落在（$x_1$，$y_1$，$z_1$）-（$x_2$，$y_2$，$z_2$）线段上，则该点是裂缝元多边形的一个顶点。遍历网格所有边与裂缝元平面的交点，便可确定裂缝元多边形（见图 2-6）。图 2-7 所示为某工区某层有效数据点及其对应的裂缝元几何体。

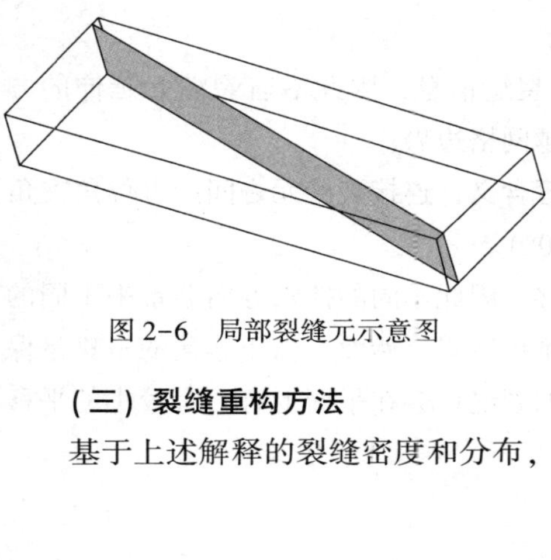

图 2-6　局部裂缝元示意图

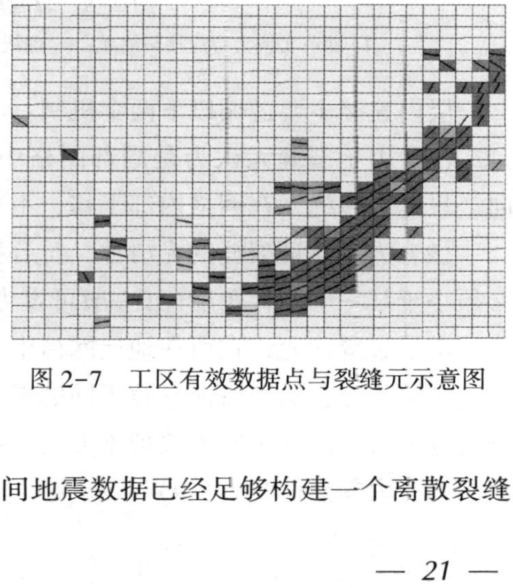

图 2-7　工区有效数据点与裂缝元示意图

**（三）裂缝重构方法**

基于上述解释的裂缝密度和分布，空间地震数据已经足够构建一个离散裂缝模型了。由于裂缝元是真实裂缝在局部的表征，因此重构离散裂缝网络系统的实施办法是：根据局部裂缝单元的展布和密度连续性，将那些最有可能处于一条裂缝上的裂缝单元在横向及纵向上连接起来。

本书处理裂缝纵向连接的算法主要有两个准则：一是裂缝之间的距离要足够近，二是插入的用于连接上下层之间的裂缝单元的倾角应尽可能与被连接的裂缝单元一致。这两个准则确保裂缝重建结果的光滑性和真实性。

1. 裂缝层内重构

层内连接的对象是目标裂缝元周围网格中的裂缝元，层内连接的方式是通过平面的平移实现的(见图 2-8)。对于平面 $ax+by+cz+d=0$，沿向量($x_v$，$y_v$，$z_v$)平移后的平面方程为：

$$a(x-x_v)+b(y-y_v)+c(z-z_v)+d=0 \tag{2-29}$$

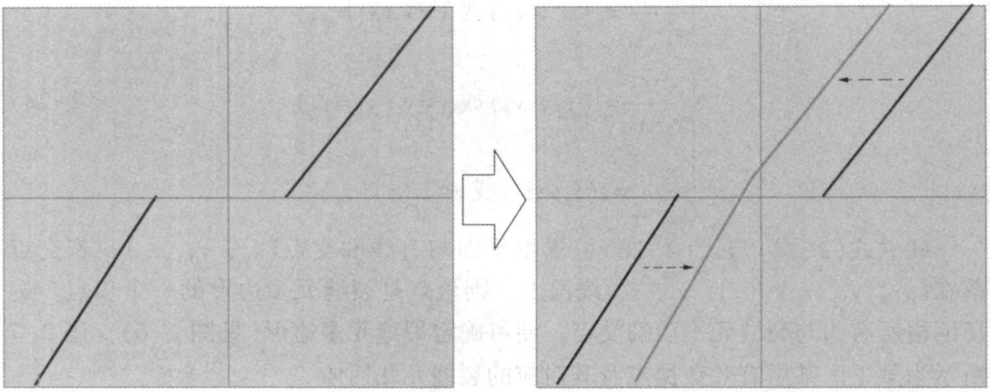

图 2-8　裂缝层内连接示意图

1. 深色实线为待连接裂缝元；2. 虚线为平移路线；3. 浅色实线为连接后裂缝

层内连接主要遵循以下两个机制：

(1) 由于裂缝元认为是局部网格中的裂缝信息，因此沿着裂缝元延伸的方向，只允许裂缝元在网格内部平移，不穿越网格边界；

(2) 为了保证裂缝的光滑性，符合物理含义，连接裂缝元之间的方位角夹角必须小于某一个门槛角度(如一般可设为 30°)。

由于裂缝元允许在所在地层网格中平移，因此不同的搜索方向会带来不同的裂缝连接路径，进而可能导致不同的裂缝重构结果。然而，由于连接的策略是保证裂缝相对，因此不同连接搜索方向生成的裂缝仅会在平面上有一个较小的平移而不会有大差异(见图 2-9)。

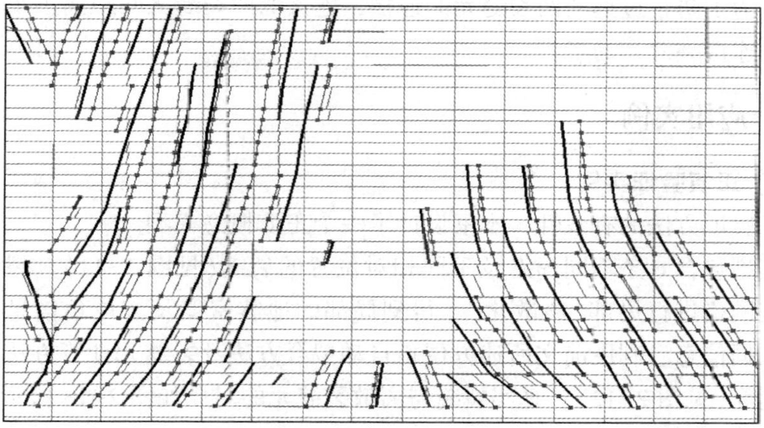

图 2-9　不同连接搜索方向的层内裂缝重构结果(俯视图)

1. 浅色线段为地震解释得到的局部裂缝单元；2. 散点线段为从下而上搜索连接方向的结果；3. 深色实线为从上到下搜索连接方向的结果

2. 裂缝纵向重构

裂缝元纵向连接是指相邻层之间裂缝元的连接。由于裂缝元只反映层内信息，如前文所述本书将其假设为垂直平面。对于真实地层而言，裂缝是具有一定倾角的，倾角信息就反映在相邻层裂缝元之间的平面位移上。

裂缝纵向重构是通过插入多边形连接上下相邻两层间裂缝来实现的(见图 2-10)。与层内重构类似，裂缝纵向重构主要遵循以下两个机制：

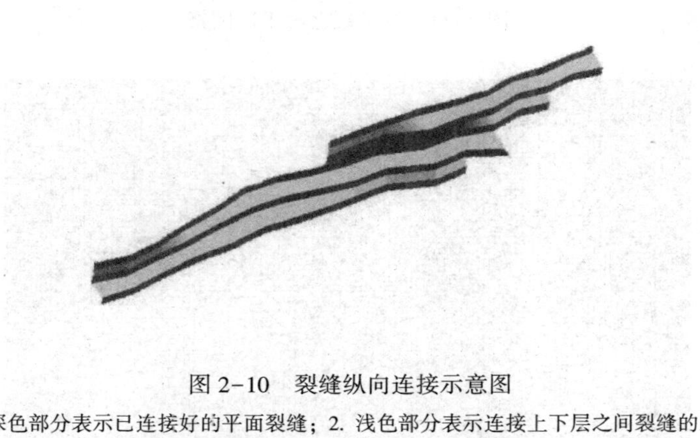

图 2-10　裂缝纵向连接示意图

1. 深色部分表示已连接好的平面裂缝；2. 浅色部分表示连接上下层之间裂缝的裂缝

(1) 为了保持裂缝纵向上的光滑性，插入裂缝倾角最大的为优先连接裂缝元，同时确保插入的连接裂缝倾角不小于某个值(如一般可设为 70°)；

(2) 为了防止过远的两裂缝元的连接，连接的两裂缝之间距离不小于某一个值，如被连接裂缝元的半长。

## 三、应用实例

### (一) 正演验证实例

为了验证方法的有效性，本书设计了一个正演概念模型。

该模型包含 6 条不同形态及不同相对位置的裂缝(见图 2-11)。裂缝按照设定的地震网格进行局部“离散化”，得到局部的地震密度及方位角信息，以此作为地震数据信息。利用前文所述方位角自动拟合方法及裂缝元计算方法，可得到工区裂缝元(见图 2-12)。真实裂缝与离散裂缝元的对比如图 2-13 所示。

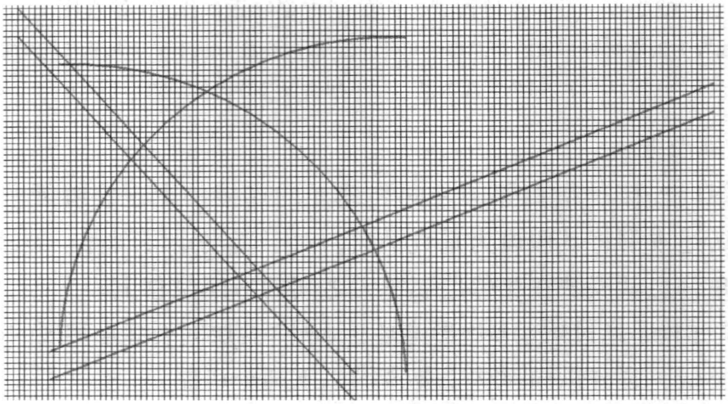

图 2-11　真实裂缝及工区网格

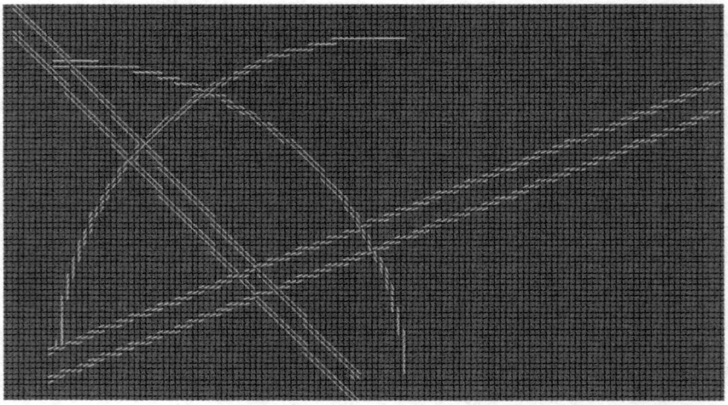

图 2-12　预测裂缝元整体示意图

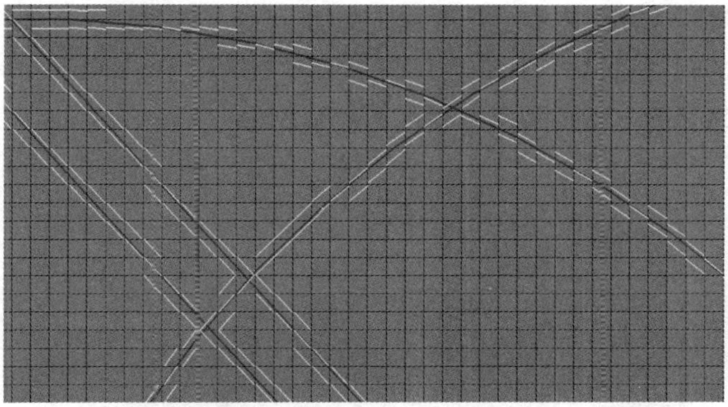

图 2-13　预测裂缝元(浅)及真实裂缝(深)局部示意图

利用确定性裂缝建模方法的重构流程，可将裂缝元连接重构为离散裂缝网络。如图 2-14 和图 2-15 所示，重构裂缝模型与真实裂缝模型非常接近，这证明了确定性离散裂缝网络建模方法的有效性。

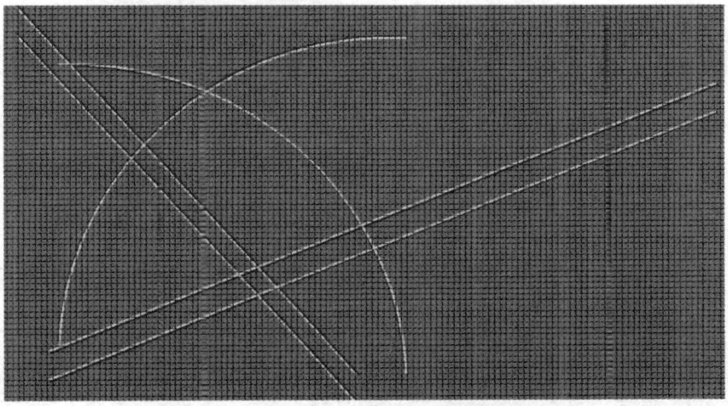

图 2-14　重构裂缝(深)及真实裂缝(浅)整体示意图

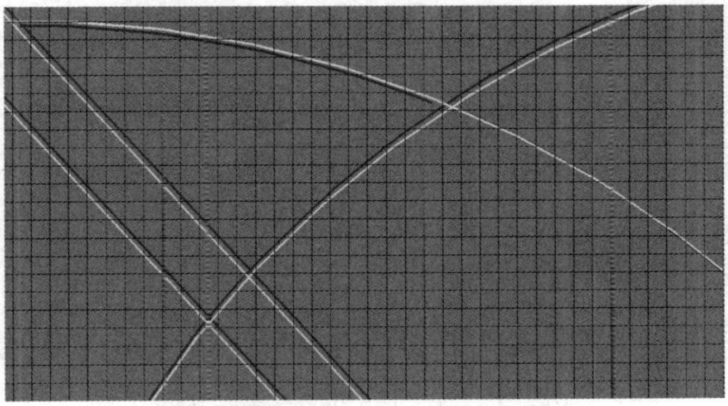

图 2-15　重构裂缝(深)及真实裂缝(浅)局部示意图

### （二）各向异性数据体中小尺度裂缝实例

作为实际应用实例，本书将这套方法流程应用到中东地区某一碳酸盐储层。图 2-16 所示为裂缝方位角和密度属性解释结果。

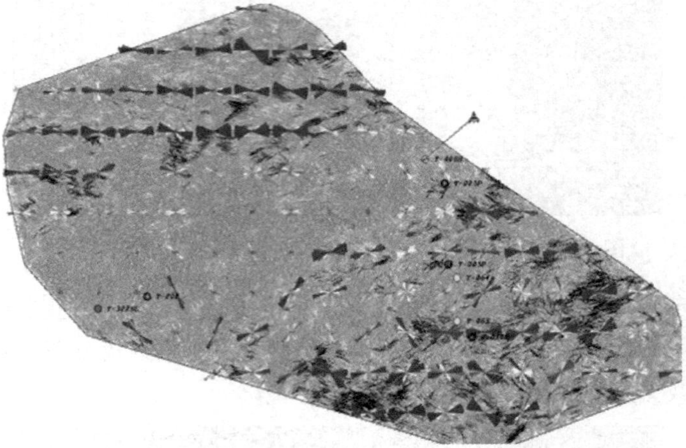

图 2-16　基于地震数据各向异性解释的裂缝方位角和裂缝密度

裂缝方位角确定了局部裂缝单元的方位（见图 2-17）。通过成像测井校定，本书将裂缝密度与局部裂缝单元的开度相对应，并消除断层带或测量误差等导致的异常值。每一个局部裂缝单元都映射到对应的背景地质网格中，其尺度由地震数据的分辨率决定。因为裂缝方位角及密度只是局部区域的属性，因此这样的处理是合理的。

图 2-17　某一层中的裂缝单元分布

通过前文提出的连接策略，在进行完裂缝单元横向和纵向连接后，便完成了整个离散裂缝重构工作(见图 2-18)。图 2-19 所示为重构结果与原始裂缝密度场的对比。

图 2-18 重构裂缝示意图

1. 深色裂缝为层内裂缝；2. 浅色裂缝为纵向插入裂缝

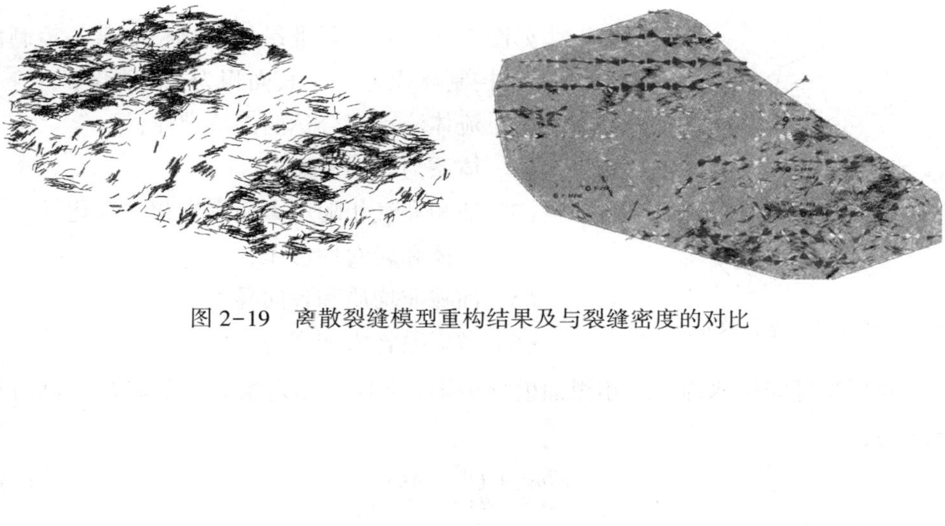

图 2-19 离散裂缝模型重构结果及与裂缝密度的对比

# 第三章

# 离散裂缝数值模拟方法

## 第一节　数学模型

无论是黑油模型还是组分模型，都假设油藏中有三相，分别是气相、油相和水相。油藏数学模型主要包括控制方程、离散方程及 Jacobi 矩阵、多段井模型三个方面的内容。

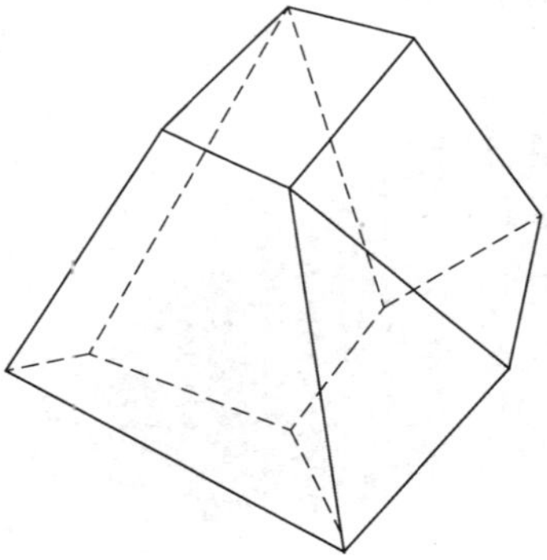

图 3-1　控制单元体

### 一、流动控制方程

如图 3-1 所示，设非结构化网格中某一控制体 $CV_i$，其控制体积为 $V_i$，表面积为 $A$，假设：

（1）流体流动符合达西渗流定律；

（2）体系为等温渗流；

（3）油相和气相随压力而发生相态变化；

（4）流体和岩石均可压；

（5）油藏非均质和各向异性；

（6）考虑毛管力和重力。

根据质量守恒原理，三相黑油模型中第 $i$ 个控制体内组分 c 的渗流控制方程通式为：

$$\underset{\text{流动项}}{Flux_c} + \underset{\text{源汇项}}{Q_c^W} = \underset{\text{累积项}}{ACC_c} \tag{3-1}$$

各项展开，可得到：

$$-\sum_p \int_A y_{c,p}(\rho_p \vec{u}) \cdot \vec{n} dA + \sum_p \int_V y_{c,p} m_p dV = \sum_p \int_V \frac{\partial}{\partial t}(\varphi S_p y_{c,p} \rho_p) dV \tag{3-2}$$

式中　$\vec{n}$——网格体表面外法向单位向量；

$\vec{u}$——网格表面达西速度；

$m$——网格体内单位体积单位时间内的注入质量；

p——流体相(phase)；

c——某一组分(component)；

$y_{c,p}$——组分 c 在流体相 p 中的质量分数。

1. 流动项

控制方程中的流动项为：

$$-\sum_{p}\int_{A} y_{c,p}(\rho_p\vec{u})\cdot\vec{n}\mathrm{d}A \tag{3-3}$$

根据达西定律，流速 $u_p$ 可写为：

$$u_p=-\frac{Kk_{rp}}{\mu_p}\cdot\nabla\varphi_p \tag{3-4}$$

其中，$\varphi$ 为势能，包括流体流动压力 $P$ 与重力势能：$\varphi=P+\rho gz$。

代入式(3-3)，有：

$$-\sum_{p}\int_{A} y_{c,p}(\rho_p\vec{u})\cdot\vec{n}\mathrm{d}A=\sum_{p}\int_{A} y_{c,p}\rho_p\frac{Kk_{rp}}{\mu_p}\cdot\nabla\varphi_p\cdot\vec{n}\mathrm{d}A$$

$$=\sum_{p}\int_{A}\omega_{c,p}K\lambda_p\cdot\nabla\varphi_p\cdot\vec{n}\mathrm{d}A \tag{3-5}$$

式中 $\varphi$——流体势；

$\rho$——流体密度；

$\mu$——流体黏度；

$K$——渗透率；

$k_{rp}$——相对渗透率；

$A$——控制体表面的面积；

$\vec{n}$——控制体表面单位法向量，指向控制体外部；

$\lambda_p=\frac{k_{rp}}{\mu_p}$——流体相 p 的流度；

$\omega_{c,p}=y_{c,p}\rho_p=\frac{\rho_c-R_{c,p}}{B_p}$——流体相 p 中组分 c 的密度。

2. 累积项

控制方程中的累积项为：

$$\sum_{p}\int_{V}\frac{\partial}{\partial t}(\varphi y_{c,p}\rho_p S_p)\mathrm{d}V=\sum_{p}\int_{V}\frac{\partial}{\partial t}(\varphi S_p\omega_{c,p})\mathrm{d}V \tag{3-6}$$

各项变量含义如上。

3. 源汇项

控制方程中的源汇项为：

$$\sum_{p} \int_{V} y_{c,p} m_{p} \mathrm{d}V \tag{3-7}$$

综上，油气水三相流动模型中第 $i$ 个控制体内组分 c 的渗流控制方程为：

$$\sum_{p} \int_{A} \omega_{c,p} K\lambda_{p} \cdot \nabla\varphi_{p} \cdot \vec{n} \mathrm{d}A + \sum_{p} \int_{V} y_{c,p} m_{p} \mathrm{d}V = \sum_{p} \int_{V} \frac{\partial}{\partial t}(\varphi S_{p} \omega_{c,p}) \mathrm{d}V \tag{3-8}$$

## 二、空间离散方法

油藏渗流控制方程是一个复杂的非线性方程系统，一般而言，其解析解是不存在的，需要使用数值方法对其进行近似求解。

一个封闭形式的数学表达式，如函数或者函数的微分方程、积分方程，在某个区域里被看作连续的，有无穷多个值。离散化的实质就是用另一个类似的表达式来近似它，但是这个近似表达式只在区域内有限多个离散点或控制体上规定了取值。

偏微分方程的解析解是封闭形式的表达式，它给出了未知函数在区域内的连续变化。相反，数值解只在区域内的离散点上给出了结果，这些离散点叫作网格点。原物理微分方程由一组代数方程代替，求解这个代数方程组，只能得到在离散网格点上的值，原微分方程即被离散化。

离散分为空间的离散与时间的离散。空间的离散是指利用空间离散的一组点的值来近似原微分方程中的各项。时间的离散是指原微分方程表示在时间上连续变化的物理过程，而离散方程获得的只是一系列时间点上系统的物理状态。

1. 有限差分法

有限差分法(Finite Difference Method，FDM)是计算机数值模拟最早采用的方法，至今仍被广泛运用。该方法将求解域划分为差分网格，用有限个网格节点代替连续的求解域。有限差分法以泰勒(Taylor)级数展开等方法，把控制方程中的导数用网格节点上的函数值的差商代替进行离散，从而建立以网格节点上的值为未知数的代数方程组。该方法是一种直接将微分问题变为代数问题的近似数值解法，数学概念直观，表达简单，是发展较早且比较成熟的数值方法。对于有限差分格式，从格式的精度来划分，有一阶格式、二阶格式和高阶格式。

从差分的空间形式来考虑，可分为中心格式和逆风格式。考虑时间因子的影响，差分格式还可分为显格式、隐格式、显隐交替格式等。目前常见的差分格式，主要是上述几种形式的组合，不同的组合构成不同的差分格式。差分方法主要适用于有结构网格，网格的步长一般根据实际地形的情况和柯朗稳定性条件来决定。

构造差分的方法有多种形式，目前主要采用泰勒级数展开方法。其基本的差分表达式主要有三种形式：一阶向前差分、一阶向后差分、一阶中心差分和二阶中心差分等。其中前两种格式为一阶计算精度，后两种格式为二阶计算精度。通过对时间和空间这几种不同差分格式的组合，可以组合成不同的差分计算格式。

2. 有限元法

有限元法的基础是变分原理和加权余量法，其基本求解思想是把计算域划分为有限个互不重叠的单元，在每个单元内，选择一些合适的节点作为求解函数的插值点，将微分方程中的变量改写成由各变量或其导数的节点值与所选用的插值函数组成的线性表达式，借助于变分原理或加权余量法，将微分方程离散求解。采用不同的权函数和插值函数形式，便构成不同的有限元方法。

在有限元法中，把计算域离散剖分为有限个互不重叠且相互连接的单元，在每个单元内选择基函数，用单元基函数的线性组合来逼近单元中的真解，整个计算域上总体的基函数可以看作由每个单元基函数组成的，则整个计算域内的解可以看作由所有单元上的近似解构成的。

根据所采用的权函数和插值函数的不同，有限元法也分为多种计算格式。从权函数的选择来说，有配置法、矩量法、最小二乘法和伽辽金法；从计算单元网格的形状来划分，有三角形网格、四边形网格和多边形网格；从插值函数的精度来划分，又分为线性插值函数和高次插值函数等。不同的组合同样构成不同的有限元计算格式。

对于权函数，伽辽金(Galerkin)法是将权函数取为逼近函数中的基函数；最小二乘法是令权函数等于余量本身，而内积的极小值则为待求系数的平方误差最小；在配置法中，先在计算域内选取 $N$ 个配置点。令近似解在选定的 $N$ 个配置点上严格满足微分方程，即在配置点上令方程余量为0。插值函数一般由不同次幂的多项式组成，但也有采用三角函数或指数函数组成的乘积表示，但最常用的是多项式插值函数。

有限元插值函数分为两大类：一类只要求插值多项式本身在插值点取已知值，称为拉格朗日(Lagrange)多项式插值；另一类不仅要求插值多项式本身，还要求它的导数值在插值点取已知值，称为埃尔米特(Hermite)多项式插值。单元坐标有笛卡儿直角坐标系和无因次自然坐标，有对称和不对称等。常采用的无因次自然坐标是一种局部坐标系，其定义取决于单元的几何形状，一维看作长度比，二维看作面积比，三维看作体积比。

在二维有限元中，三角形单元应用最早，近来四边形等单元的应用也越来越广。对于二维三角形和四边形单元，常采用的插值函数有 Lagrange 插值直角坐标系中的线性插值函数及二阶或更高阶插值函数、面积坐标系中的线性插值函数、二阶或更高阶插值函数等。

对于有限元方法，其基本思路和解题步骤可归纳如下。

(1) 建立积分方程。根据变分原理或方程余量与权函数正交化原理，建立与微分方程初边值问题等价的积分表达式。这是有限元方法的出发点。

(2) 区域单元剖分。根据求解区域的形状及实际问题的物理特点，将区域剖分为若干相互连接、不重叠的单元。区域单元划分是采用有限元方法的前期准备工作，这部分工作量较大，除了给计算单元和节点进行编号和确定相互之间的关系之外，还要表示节点的位置坐标，同时还需要列出自然边界和本质边界的节点序号和相应的边界值。

(3) 确定单元基函数。根据单元中节点数目及对近似解精度的要求，选择满足一定插值条件的插值函数作为单元基函数。有限元方法中的基函数是在单元中选取的，由于各单元具有规则的几何形状，在选取基函数时可遵循一定的法则。

(4) 单元分析。将各个单元中的求解函数用单元基函数的线性组合表达式进行逼近；再将近似函数代入积分方程，并对单元区域进行积分，可获得含有待定系数(单元中各节点的参数值)的代数方程组，称为单元有限元方程。

(5) 总体合成。在得出单元有限元方程之后，将区域中所有单元有限元方程按一定法则进行累加，形成总体有限元方程。

(6) 边界条件的处理。一般边界条件有三种形式，分为本质边界条件(狄里克雷边界条件)、自然边界条件(黎曼边界条件)、混合边界条件(柯西边界条件)。对于自然边界条件，一般在积分表达式中可自动得到满足。对于本质边界条件和混合边界条件，需按一定法则对总体有限元方程进行修正满足。

(7) 解有限元方程。根据边界条件修正的总体有限元方程组，是含所有待定未知量的封闭方程组，采用适当的数值计算方法求解，可求得各节点的函数值。

3. 有限体积法

有限体积法(Finite Volume Method)又称为控制体积法。其基本思路是：将计算区域划分为一系列不重复的控制体积，并使每个网格点周围有一个控制体积；将待解的微分方程对每一个控制体积积分，便得出一组离散方程。其中的未知数是网格点上的因变量的数值。为了求出控制体积的积分，必须假定值在网格点之间的变化规律，即假设值的分段的分布剖面。

从积分区域的选取方法来看，有限体积法属于加权乘余法中的子区域法；从未知解的近似方法来看，有限体积法属于采用局部近似的离散方法。简言之，子区域法属于有限体积法的基本方法。有限体积法的基本思路易于理解，并能得出直接的物理解释。离散方程的物理意义，就是因变量在有限大小的控制体积中的守恒原理，如同微分方程表示因变量在无限小的控制体积中的守恒原理一样。

有限体积法得出的离散方程，要求因变量的积分守恒对任意一组控制体积都得到满足，对整个计算区域，自然也得到满足。这是有限体积法吸引人的优点。有一些离散方法，如有限差分法，仅当网格极其细密时，离散方程才满足积分守恒；而有限体积法即使在粗网格情况下，也显示出准确的积分守恒。就离散方法而言，有限体积法可视作有限元法和有限差分法的中间物。有限元法必须假定值在网格点之间的变化规律(即插值函数)，并将其作为近似解。有限差分法只考虑网格点上的数值而不考虑值在网格点之间如何变化。有限体积法只寻求节点值，这与有限差分法相类似；但有限体积法在寻求控制体积的积分时，必须假定值在网格点之间的分布，这又与有限元法相类似。在有限体积法中，插值函数只用于计算控制体积的积分，得出离散方程后，便可忘掉插值函数；如果需要，可以对微分方程中不同的项采取不同的插值函数。

由于油藏问题几何约束较为复杂多变，且油藏基本控制方程为质量守恒方程，因此油藏数值模拟问题多采用有限体积法进行数值计算。

有限体积法的守恒性总结如表 3-1 所示。

**表 3-1　有限体积法守恒性与范围**

| 属性 | 守恒性 | 范围 |
|---|---|---|
| 质量 | 守恒 | 网格与全场都守恒 |
| 能量 | 守恒 | 网格与全场都守恒 |
| 力(应力) | 平衡 | 网格受力平衡，体系受力平衡 |

三种离散方法的对比如表 3-2 所示。

**表 3-2　有限差分法与其他方法对比**

| | 求解思想 | 优缺点 | 运用性 |
|---|---|---|---|
| 有限差分法 | 以泰勒级数展开等方法，把控制方程中的导数用网格节点上的函数值的差商代替进行离散，从而建立以网格节点上的值为未知数的代数方程组。是基于微分方程推导出来的 | 优点：形式简单，通用性强<br>缺点：只能对微分方程的数学近似，基本没有反映其物理特征 | 流体力学中，有限差分法仍然是主要的数值方法。对于具有复杂几何形状及复杂流动现象的实际问题，有限差分法还有待提高 |

续表

| | 求解思想 | 优缺点 | 适用性 |
|---|---|---|---|
| 有限元法 | 有限元法基于变分原理，求解一个泛函取极小值的变分问题。核心思想是结构的离散化，将实际结构假象地离散为有限数目简单单元的组合体，实际结构的物理性能可以通过对离散单元进行分析，得出满足工程精度的近似结构来代替对实际结构的分析 | 优点：能够比较精确地模拟各种复杂的曲面边界，网格划分比较随意<br>缺点：并行不如有限差分法和有限体积法直观 | 可以用来处理很复杂的连续介质问题，是复杂边值问题的高效能求解方法。流体问题位移大，同有限差分法相比，有限元法没有明显优势，主要用于固体力学 |
| 有限体积法 | 建立在流体力学微分方程在控制体积上的积分得到的积分方程上，关键是采用数学方法计算控制体表面的数值通量，得到迭代方程组。是基于积分方程推导的 | 优点：守恒且能够正确处理间断，物理概念明显，适于并行。<br>缺点：精度较低，很难超过二阶 | 适用于对计算精度要求不是很高，但对守恒性要求很高的问题，主要用于流体力学 |

对于任意控制体 $i$，控制方程(3-8)的离散形式可表示为：

$$\frac{\Delta_t M_c}{\Delta t}=\frac{(M_c^{n+1}-M_c^n)_i}{\Delta t}=\sum_l m_{c_{i,l}}-m_{c_i}^w \tag{3-9}$$

其中，

$$M_c=V_iC_c=\sum_p M_{c,p}=V_i\varphi\sum_p \rho_p S_p y_{c,p} \tag{3-10}$$

$$m_{c_{i,l}}=F_{c_{i,l}}A_{i,l} \tag{3-11}$$

式中 $M_c$——控制体 $i$ 中组分 c 的质量；

$l$——任意与控制体 $i$ 发生质量交换的控制体；

$m_{c_{i,l}}$——控制体 $l$ 流入控制体 $i$ 中组分 c 的质量；

$m_{c_i}^w$——控制体 $i$ 中，单位时间内组分 c 的源汇质量；

$\Delta t$——时间步长；

$n$ 和 $n+1$——作上标时表示当前时间步及下一时间步；

$V_i$——控制体 $i$ 的体积；

$M_{c,p}$——控制体 $i$ 中，流体相 p 中组分 c 的质量；

$F_{c_{i,l}}$——控制体 $i$ 到 $l$ 的质量流量；

$A_{i,l}$——控制体 $i$ 与 $l$ 之间的横截面面积。

综合所有流体相中组分 c 的质量守恒方程，可得：

$$\frac{1}{\Delta t}\sum_p \Delta_t M_{c,p}=\frac{(M_c^{n+1}-M_c^n)_i}{\Delta t}=\sum_l\sum_p m_{c,p_{l,i}}-\sum_p m_{c,p_i}^w \tag{3-12}$$

其中，

$$m_{c,p_{l,i}}=\rho_p y_{c,p}\lambda_p T[p_{p_l}-p_{p_i}+\gamma_{p_{l,i}}(D_l-D_i)]=Y_{c,p_{l,i}}(\Phi_{p,l}-\Phi_{p,i}) \tag{3-13}$$

$$m_{c,p}^w=\rho_p y_{c,p} q_p^w=\omega_{c,p} q_p^w \tag{3-14}$$

将式(3-13)和式(3-14)代入式(3-12)，可得：

$$\frac{V_i}{\Delta t}\Delta_t\left[\varphi\sum_p(\rho_p S_p y_{c,p})\right]=\sum_l\sum_p Y_{c,p_{l,i}}(\Phi_{p,l}-\Phi_{p,i})-\sum_p \omega_{c,p_i} q_{p_i}^w \tag{3-15}$$

式中 $Y_{c,p_{l,i}}=\rho_p y_{c,p}\lambda_p T_{l,i}$——控制体 $l$ 与 $i$ 之间的总传导率；

$T$——总传导率的几何部分，简称为传导率(后续如无特殊说明将采用这一名称)；

$\Phi_p=\nabla p_p-\gamma_p\nabla D$——流体相 p 的势；

$\omega_{c,p}=\rho_p y_{c,p}$——流体相 p 中组分 c 的浓度；

$q_p^w$——油藏条件下流体相 p 的体积产量。

式(3-15)就是离散形式的控制方程。本书只关心其主要形式以及离散裂缝模型数值模拟方法中的关键变量(如传导率 $T$)，不展开讨论其详细求解方法。

## 三、时间离散方法

考虑抛物型方程：

$$\frac{\partial^2 U}{\partial x^2}=\frac{\partial U}{\partial t}+q \tag{3-16}$$

初始条件为 $U(x, 0)=U^0(x)=f(x)$。我们已经讨论了方程左端项用网格值 $u_i$ 的离散方法。对于与时间有关的这些值是时间的函数，$u_i=u_i(t)$。对于每一个网格点 $x_i$，方程的右端项可以用 $\frac{du_i}{dt}+q_i$ 来代替。

因而得到一个常微分方程组：

$$\frac{(u_{i+1}-2u_i+u_{i-1})}{h^2}=\frac{du_i}{dt}+q_i,\quad i=1,2,\cdots,N \tag{3-17}$$

初始条件为 $u_i(0)=U^0(x_i)$。

上述方程组在空间上进行了离散，但是在时间上是连续的，因此这个过程称为半离散。解常微分方程组的通常方法是把时间导数常微分方程组也进行离散。离散可分为向前差分方法(显式方法)和向后差分方法(隐式方法)两种。

对于向前差分方法：

$$\left(\frac{\mathrm{d}u_i}{\mathrm{d}t}\right)^n \approx \frac{u_i^{n+1}-u_i^n}{\Delta t} \tag{3-18}$$

对于向后差分方法：

$$\left(\frac{\mathrm{d}u_i}{\mathrm{d}t}\right)^{n+1} \approx \frac{u_i^{n+1}-u_i^n}{\Delta t} \tag{3-19}$$

（1）初始时间步

由于油藏数值模拟尚未开始，初始时间步(initial timestep)一般是任意给定的。一般可以设为 $\Delta t^0=0.1$(days)，或者更小。一旦 $\Delta t^0$ 给出，后面模拟就可以通过前面一步的时间和状态，计算出一个比较合适的预判时间步。

（2）自适应时间步计算

一般来说，第 $n+1$ 个时间步长 $\Delta t^{n+1}$ 可通过式(3-20)获得：

$$\Delta t^{n+1}=\Delta t^n\times\left[\frac{(1+\omega)\eta_i}{\delta_i+\omega\eta_i}\right]_{\text{min over}i} \tag{3-20}$$

式中 $i$——网格编号；

$\eta_i$——期望该时间步的压力或饱和度改变值；

$\delta_i$——上一时间步($\Delta t^n$)压力或饱和度的改变值；

$\omega$——一个在 0~1 的调节参数。

通常 $\eta_i$ 对于所有网格都取统一的值，但是其对压力和饱和度等不同求解变量是不同的，因此选择不同的变量会得到不同的最优 $\Delta t^{n+1}$。一般而言，对于压力 $\eta_{\mathrm{p}}$ 可取为 50~500psi；对于饱和度 $\eta_{\mathrm{s}}$ 可取为 0.05~0.5。

应用上述公式的计算，可得到一个较好的时间步预估，但是需要注意的是，预估的时间步并不一定保证该时间步下牛顿迭代总是可以收敛的。在 15~20 个牛顿迭代后，如果计算结果仍不收敛，则可以将时间步减小，如取为$\frac{\Delta t^{n+1}}{2}$。

## 第二节　等效连续介质模型

等效连续介质模拟方法又称多重介质模拟方法，最早由 Barenblatt 和 Zheltov 于 1960 年提出。随着技术的发展，连续介质模拟方法也在朝着逐渐广义化的方向发展，经历了由双孔模型到双孔双渗模型，最后到多重连续介质模型的发展阶段。目前，多重连续介质模型已经被广泛集成于商业模拟器中，是最为成熟的裂缝模拟方法。

双重介质模型(见图 3-2)也称双孔模型(dual porosity model，简称 DP 模型)，最早由 Barenblatt 和 Zheltov 于 1960 年提出，其基本原理是将裂缝和岩石基质分开处理，通过裂缝-基质窜流方程模拟流体在两者之间的质量交换。Warren 和 Root 于 1963 年首次提出了一个用于油藏模拟的双孔介质模型，该模型成为裂缝性油气藏模拟的理论基础。Warren-Root 的模型对裂缝的分布采用理想化假设，假定油藏基质理想分布成一个个的小立方体，而每个立方体的外表面都被裂缝所包围。双孔模型的一个重要参数是基质与裂缝之间的窜流系数，其反映了基质流体向裂缝窜流的能力。窜流系数的几何部分称为形状因子，建立双孔模型的一个关键就是形状因子的确定。

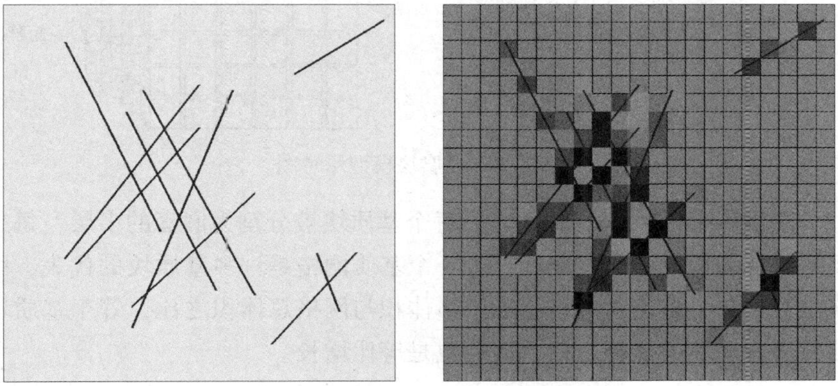

图 3-2　裂缝模型及对应的双重介质模型

1976 年 Kazemi 等人将 Warren-Root 单相模型扩展到两相模型，并提出了相对渗透率、重力作用及渗吸作用等裂缝性油气藏渗流机理的形状因子计算公式。Thomas 等人于 1983 年提出了一个三维三相裂缝性油气藏模拟器。

Blaskovich 等、Hill 和 Thomas 及 Sonier 等考虑基质渗流不可忽略的情形，先后提出并发展了双孔双渗模型并考虑了基质中的相分离现象。1988 年，Gilman 和 Kazemi 在他们提出的模型中考虑了双孔双渗模型中的重力效应。

现有双孔模型在模拟强连通的裂缝系统和大尺度流体流动时得到了较好的应用，但是由于模型采用的一些较强的理想化假设与近似处理，造成应用于实际油气藏时精度无法保证。例如，双孔模型通常认为流动参数(压力和饱和度等)在基质网格中都是均一定值，以及对裂缝分布采用理想化栅栏型垂直正交假设等。

连续介质模拟方法的基本原理是：假设裂缝以一种固定的模式分布于基质岩石中，将裂缝和岩石基质视为两套在空间上相互重叠的连续体，即裂缝连续体与基质连续体，通过裂缝的分布模式计算裂缝-基质的传导率，并通过裂缝-基质的窜流方程模拟流体在两者之间的质量交换。本质上来讲，连续介质模拟方法的核心分为两部分，即裂缝的分布模式假设与裂缝-基质的传导率计算。典型的分布模式包括以下两种。

（1）豆腐块模型（见图 3-3）。油藏基质被分割成一个个的小立方体，而每个立方体的外表面都被裂缝所包围。

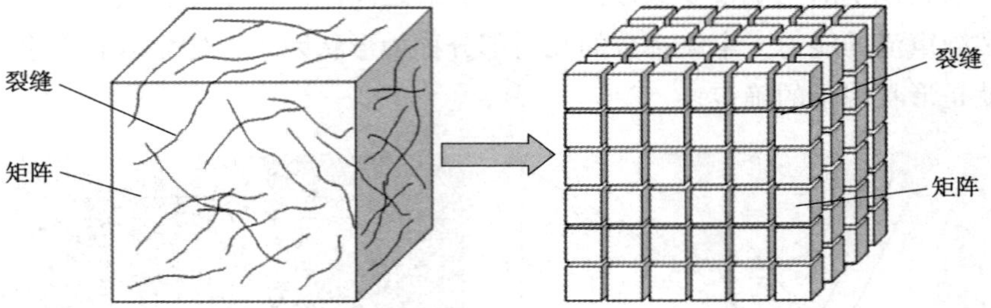


图 3-3　豆腐块模型示意图

（2）多层嵌套模型（见图 3-4）。每个基质块被分割为嵌套的多层，每一层外表面到最外层表面的距离等比增长。一个基质网格是许多基质块的代表，因此基质网格也被划分为多重子网格，子网格体积与网格总体积之比，等于基质块的那一层与整个基质块的体积之比，因而也是等比增长。

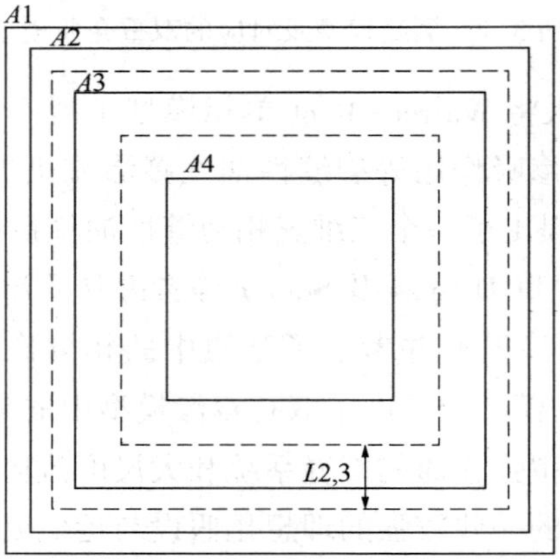


图 3-4　多层嵌套模型示意图

Pruess 和 Narasimhan（1985）提出了多层嵌套模型，该方法是标准双孔模型的一种推广，模型中采用两种类型的网格。

① 初级网格，将储层体积离散而成的网格块。

② 次级网格，初级网格块进一步分割而成的子网格块。

次级网格是由每个基质单元所占的体积分数以及其与最近裂缝间的距离来表征的。

MINC 方法中基质-裂缝间传导率的计算主要是通过对基质的嵌套离散来实现的。这种方法可以处理标准双孔模型所忽略的瞬时效应。

只采用距离近似的 MINC 参数中，压力、黏度、毛管力等参数处理比较恰当，但是由于重力与方向有关，却可以反映出一些特殊的问题。

假设将基质网格块嵌套划分为 1~$J$ 个网格块，其中第 $J$ 个网格块是紧挨着裂缝的基质单元，则子网格块 $j$ 的方程可写为：

$$T_{\mathrm{p}m_{j-\frac{1}{2}}}[p_{\mathrm{p}m_{j-1}}-p_{\mathrm{p}m_j}]+T_{\mathrm{p}m_{j+\frac{1}{2}}}[p_{\mathrm{p}y}-p_{\mathrm{p}m_j}]=\frac{V_{\mathrm{b}j}}{\Delta t}\Delta_t\left[\frac{\varphi S_{\mathrm{p}}}{B_{\mathrm{p}}}\right]_{m_j} \tag{3-21}$$

其中，

$p_{\mathrm{p}y}=p_{\mathrm{p}j+1}$，$j\neq J$；

$p_{\mathrm{p}y}=p_{\mathrm{p}f}$，$j=J$。

同样则裂缝方程为：

$$T_{\mathrm{p}f}[\Delta p_{\mathrm{p}f}-\gamma_{\mathrm{p}f}\Delta D]+T_{\mathrm{p}m_f}[p_{\mathrm{p}m_f}-p_{\mathrm{p}f}]=\frac{V_{\mathrm{b}}}{\Delta t}\Delta_t\left[\frac{\varphi S_{\mathrm{p}}}{B_{\mathrm{p}}}\right]_{\mathrm{f}} \tag{3-22}$$

裂缝传导率为：

$$T_{\mathrm{pf}_{i+\frac{1}{2}}}=\left[\frac{A}{\Delta L}k_{\mathrm{ef}}\right]_{i+\frac{1}{2}}\left[\frac{k_{\mathrm{rp}}}{\mu_{\mathrm{p}}B_{\mathrm{p}}}\right]_{u_{i+\frac{1}{2}}} \tag{3-23}$$

其中，$u_{i+\frac{1}{2}}$为面 $i+\dfrac{1}{2}$的上游。

基质-裂缝间的传导率为：

$$T_{\mathrm{p}m_f}=\sigma\left[\frac{A_{m_j}k_{m_j}}{\frac{d_{m_j}}{2}}\right]\left[\frac{k_{\mathrm{rp}}}{\mu_{\mathrm{p}}B_{\mathrm{p}}}\right]_{u_{m_f}} \tag{3-24}$$

其中，

$u_{m_f}=f$，裂缝为上游；

$u_{m_f}=m_J$，基质为上游。

基质间的传导率为：

$$T_{\mathrm{p}_{m_{j+\frac{1}{2}}}}=\sigma\left[\frac{A_m}{d_m}k_m\right]_{j+\frac{1}{2}}\left[\frac{k_{\mathrm{rp}}}{\mu_{\mathrm{p}}B_{\mathrm{p}}}\right]_{u_m} \tag{3-25}$$

式中 $u_m$——取 $j$ 或 $j$+1 则取决于流动方向；

$A_m$——基质间接触面的面积；

$d_m$——基质节点间的距离。

相应的体积关系为：

$$\varphi_T=\varphi_m+\varphi_f(\text{总孔隙度}) \tag{3-26}$$

$$PV_f=V_b\varphi_f \tag{3-27}$$

$$PV_{m_j}=V_{m_j}\varphi_m \tag{3-28}$$

$$PV_T=PV_f+\sum_{j=1}^{J}pV_{m_j} \tag{3-29}$$

节点间距离为：

$$d_{f,m_J}=\frac{\delta_{m_J}}{2} \tag{3-30}$$

$$d_{m_j,m_{j+1}}=\frac{\delta_{m_j}+\delta_{m_{j+1}}}{2} \tag{3-31}$$

$$d_{m_1,m_2}=\frac{\delta_{m_2}}{2}+D_J \tag{3-32}$$

式中 $\delta_{m_j}$——基质单元 $m_j$ 的宽度；

$D_J$——最里层网格块的块面到其节面间的距离。它并不是一个常量，其值取决于基质块的排泄状态。然而，为了简化，常采用 Warren 等(1963)提出的拟稳态单相流动的假设进行计算。

基本单元(每一个都是 $J$ 个子单元的组成部分)的个数如下：

$$\sigma=\frac{(\text{网格块的体积})}{(\text{基本单元体积})} \tag{3-33}$$

次级网格的表面积与迫近函数有关：

$$PROX(x)=\frac{V(x)}{V(m)} \tag{3-34}$$

其中，$x$ 为距最近裂缝的距离，$V_m=(1-\varphi_f)V_b$ 为基质的体积。那么

$$A_m=\frac{\mathrm{d}V(x)}{\mathrm{d}x}=V_m\frac{\mathrm{d}PROX(x)}{\mathrm{d}x} \tag{3-35}$$

$V(x)$表征基质的总体积，是与裂缝间的距离 $x$ 的函数。

界面间的渗透率采用调和平均近似：

$$k_{e_{f_{i+\frac{1}{2}}}}=\frac{(\Delta x_{i+1}+\Delta x_i)k_{e_{f_i}}k_{e_{f_{i+1}}}}{\Delta x_i k_{e_{f_{i+1}}}+\Delta_{i+1}k_{e_{f_1}}} \tag{3-36}$$

$$k_{e_{m_{j+\frac{1}{2}}}}=\frac{(\delta_{m_j}+\delta_{m_{j+1}})k_{m_j}k_{m_{j+1}}}{\delta_{m_j}k_{m_{j+1}}+\delta_{m_{j+1}}k_{m_j}} \tag{3-37}$$

对于基质-裂缝间的流动，

$$k_{m_f}=k_m \tag{3-38}$$

因为在渗透率的调和平均表达式中，$k_m$ 起支配作用。

基质与裂缝的传导率计算方法是根据裂缝与基质的分布模式建立的。不同的分布模式需要采用不同的传导率计算方法。对于豆腐块模型，基质-裂缝间的传导率可以按以下公式计算：

$$T=V(f_1k_{m1}+f_2k_{m2}+f_3k_{m3}) \tag{3-39}$$

式中 $k_{m1}$，$k_{m2}$，$k_{m3}$——基质渗透率的主值；

$V$——网格体积；

$f_1$——常系数；

$f_2$——常系数；

$f_3$——常系数。

$T$ 与通常定义的形状因子 $\sigma$ 的关系为：

$$T=V(\sigma K_m) \tag{3-40}$$

式中 $K_m$——基质网格渗透率的范数；

$f_1$——可以根据 Lim 与 Aziz 的建议值取值，为：$\pi^2/L_x^2$，其中 $L_x$ 为裂缝在 $x$ 方向的平均间距；

$f_2$——可以根据 Lim 与 Aziz 的建议值取值，为：$\pi^2/L_y^2$，其中 $L_y$ 为裂缝在 $y$ 方向的平均间距；

$f_3$——可以根据 Lim 与 Aziz 的建议值取值，为：$\pi^2/L_z^2$，其中 $L_z$ 为裂缝在 $z$ 方向的平均间距。

对于嵌套式模型，子网格与子网格间的传导率可根据相似原理计算，例如，在图 3-4 中，第二层和第三层对应的子网格间的传导率为：

$$T_{2\to 3}=T\frac{A_3L_0}{A_1L_{2,3}} \tag{3-41}$$

式中 $T$——计算方法可参见式(3-39)；

$L_0$——基质块网格的半长。基质子网格传导率组成的序列满足电阻串联定律：

$$\sum_{k=1}^{n}\left(\frac{T_{k-1,k}}{A_k}\right)^{-1}=\left(\frac{T}{A_1}\right)^{-1} \tag{3-42}$$

式中　　$n$——子网格重数；

$T_{k-1,k}(k>1)$——第 $k$ 重与第 $k-1$ 重网格之间的传导率，而 $T_{0,1}$ 为第一重子网格到裂缝的传导率。对于嵌套模型，有研究表明，随着嵌套层数的增加，模拟精度增加，但精度会不断收敛于无限分层的结果。

多重介质模型可根据是否建立某种介质间的传导关系而划分为不同的子模型，以 DPDK 模型为例，在不考虑基质到基质网格间的流动时，该模型可退化为双孔单渗模型。

例如，考虑一个一维五网格问题（见图 3-5），每一层网格细分为四层子网格。则对于每一个网格，需要求解一个裂缝方程与四个基质方程：

$$\begin{cases} f_{m1}=0 \\ f_{m2}=0 \\ f_{m3}=0 \\ f_{m4}=0 \\ f_{m5}=0 \end{cases} \tag{3-43}$$

图 3-5　MINC 网格示意图

未知量依次为：$[p_{m_{1,i}},\ p_{m_{2,i}},\ p_{m_{3,i}},\ p_{m_{4,i}},\ p_{f,i}]$，则其对应的 Jacobi 矩阵结构如图 3-6 所示。

例子：

考虑一个含有四网格单元的一维问题，其中每个网格块含有 4 个子网格块（见图 3-8）。那么对于每个网格块，需要求解一个裂缝的方程和 4 个基质块的方程：

$$f_{m_1}=0 \tag{3-44}$$

$$f_{m_2}=0 \tag{3-45}$$

$$f_{m_3}=0 \tag{3-46}$$

$$f_{m_4}=0 \tag{3-47}$$

| | 1 | 2 | 3 | 4 | 5 | 6 | 7 | 8 | 9 | 10 | 11 | 12 | 13 | 14 | 15 | 16 | 17 | 18 | 19 | 20 | |
|---|---|---|---|---|---|---|---|---|---|---|---|---|---|---|---|---|---|---|---|---|---|
| 1 | M1,1 | M2,1 | | | | | | | | | | | | | | | | | | | $p_{m_{1,1}}$ |
| 2 | M1,1 | M2,1 | M3,1 | | | | | | | | | | | | | | | | | | $p_{m_{2,1}}$ |
| 3 | | M2,1 | M3,1 | M4,1 | | | | | | | | | | | | | | | | | $p_{m_{3,1}}$ |
| 4 | | | M3,1 | M4,1 | F1 | | | | | | | | | | | | | | | | $p_{m_{4,1}}$ |
| 5 | | | | M4,1 | F1 | | | | | F2 | | | | | | | | | | | $p_{f,1}$ |
| 6 | | | | | | M1,2 | M2,2 | | | | | | | | | | | | | | $p_{m_{1,2}}$ |
| 7 | | | | | | M1,2 | M2,2 | M3,2 | | | | | | | | | | | | | $p_{m_{2,2}}$ |
| 8 | | | | | | | M2,2 | M3,2 | M4,2 | | | | | | | | | | | | $p_{m_{3,2}}$ |
| 9 | | | | | | | | M3,2 | M4,2 | F2 | | | | | | | | | | | $p_{m_{4,2}}$ |
| 10 | | | | | F1 | | | | M4,2 | F2 | | | | | F3 | | | | | | $p_{f,2}$ |
| 11 | | | | | | | | | | | M1,3 | M2,3 | | | | | | | | | $p_{m_{1,3}}$ |
| 12 | | | | | | | | | | | M1,3 | M2,3 | M3,3 | | | | | | | | $p_{m_{2,3}}$ |
| 13 | | | | | | | | | | | | M2,3 | M3,3 | M4,3 | | | | | | | $p_{m_{3,3}}$ |
| 14 | | | | | | | | | | | | | M3,3 | M4,3 | F3 | | | | | | $p_{m_{4,3}}$ |
| 15 | | | | | | | | | | F2 | | | | M4,3 | F3 | | | | | F4 | $p_{f,3}$ |
| 16 | | | | | | | | | | | | | | | | M1,4 | M2,4 | | | | $p_{m_{1,4}}$ |
| 17 | | | | | | | | | | | | | | | | M1,4 | M2,4 | M3,4 | | | $p_{m_{2,4}}$ |
| 18 | | | | | | | | | | | | | | | | | M2,4 | M3,4 | M4,4 | | $p_{m_{3,4}}$ |
| 19 | | | | | | | | | | | | | | | | | | M3,4 | M4,4 | F4 | $p_{m_{4,4}}$ |
| 20 | | | | | | | | | | | | | | | F3 | | | | M4,4 | F4 | $p_{f,5}$ |

图 3-6 多重网格 Jacobi 矩阵结构

$$f_f=0 \tag{3-48}$$

未知量依次为：

$$[p_{m_{1,i}},\ p_{m_{2,i}},\ p_{m_{3,i}},\ p_{m_{4,i}},\ p_{f,i}]$$

Jacobi 矩阵的形式如图 3-7 所示。

| | 1 | 2 | 3 | 4 | 5 | 6 | 7 | 8 | 9 | 10 | 11 | 12 | 13 | 14 | 15 | 16 | 17 | 18 | 19 | 20 | |
|---|---|---|---|---|---|---|---|---|---|---|---|---|---|---|---|---|---|---|---|---|---|
| 1 | M1 | M2 | | | | | | | | | | | | | | | | | | | PM1 |
| 2 | M1 | M2 | M3 | | | | | | | | | | | | | | | | | | PM2 |
| 3 | | M2 | M3 | M4 | | | | | | | | | | | | | | | | | PM3 |
| 4 | | | M3 | M4 | F1 | | | | | | | | | | | | | | | | PM4 |
| 5 | | | | M4 | F1 | | | | | F2 | | | | | | | | | | | PF1 |
| 6 | | | | | | M1 | M2 | | | | | | | | | | | | | | PM1 |
| 7 | | | | | | M1 | M2 | M3 | | | | | | | | | | | | | PM2 |
| 8 | | | | | | | M2 | M3 | M4 | | | | | | | | | | | | PM3 |
| 9 | | | | | | | | M3 | M4 | F2 | | | | | | | | | | | PM4 |
| 10 | | | | | F1 | | | | M4 | F2 | | | | | F3 | | | | | | PF2 |
| 11 | | | | | | | | | | | M1 | M2 | | | | | | | | | PM1 |
| 12 | | | | | | | | | | | M1 | M2 | M3 | | | | | | | | PM2 |
| 13 | | | | | | | | | | | | M2 | M3 | M4 | | | | | | | PM3 |
| 14 | | | | | | | | | | | | | M3 | M4 | F3 | | | | | | PM4 |
| 15 | | | | | | | | | | F3 | | | | M4 | F3 | | | | | F4 | PF3 |
| 16 | | | | | | | | | | | | | | | | M1 | M2 | | | | PM1 |
| 17 | | | | | | | | | | | | | | | | M1 | M2 | M3 | | | PM2 |
| 18 | | | | | | | | | | | | | | | | | M2 | M3 | M4 | | PM3 |
| 19 | | | | | | | | | | | | | | | | | | M3 | M4 | F4 | PM4 |
| 20 | | | | | | | | | | | | | | | F3 | | | | M4 | F4 | PF4 |

图 3-7 MINC 网格 Jacobi 矩阵结构

# 第三节 离散裂缝模型

离散裂缝模型的概念在20世纪90年代末期才提出，直到21世纪初才开始逐步应用。离散裂缝模型的研究目前几乎主要来自美国和其他欧洲国家。Juanes等人在2002年第一次推导了在二维和三维离散裂缝油藏中单相流的运动方程。Matthäi等人于2005年用混合网格将控制体有限元方法应用到三维离散裂缝油藏中，并对两相流动问题进行了模拟。

离散裂缝模型(见图3-8)将所有的裂缝根据其实际尺寸和分布形态进行完整和显性的描述，由于其描述精细、模拟结果精确，受到广泛推崇；然而由于长期以来，离散裂缝模型受油藏测量数据、描述手段以及计算速度的限制，发展缓慢。进入21世纪以来，先进的测量手段和裂缝描述技术，以及快速增长的计算机处理速度，使离散裂缝精细建模及数值模拟技术得到长足的发展，也使得实际油藏规模的应用成为可能。

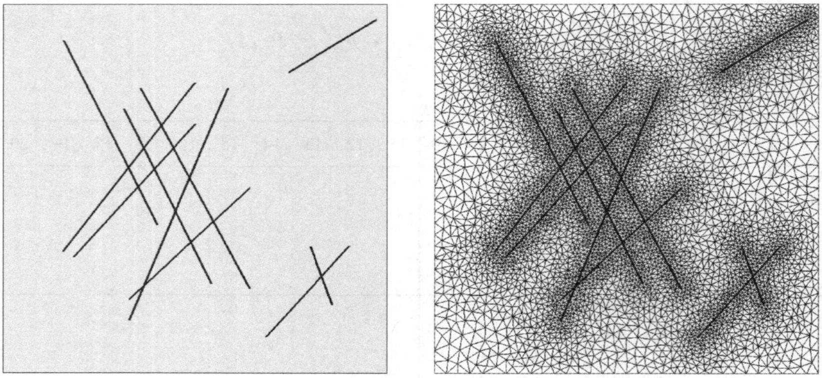

图3-8 裂缝模型及对应的离散裂缝模型

其中一个引人注目的技术创新是美国斯坦福大学Karimi-Fard等人于2004年提出基于联通表的离散裂缝油藏模拟方法。该方法采用有限体积法，并用联通表的形式来刻画非结构化网格之间的传输率。该方法成功应用到了二维油藏和三维油藏中的单相流模拟和多相流模拟。在该方法中，裂缝性油气藏系统通过高分辨率非结构化的网格来呈现。采用非结构化网格对裂缝性油气藏进行表征的原因是相比正交网格、角点网格等结构化网格而言，非结构化网格更为灵活，可以适应几何形态十分复杂的裂缝系统(见图3-9)。

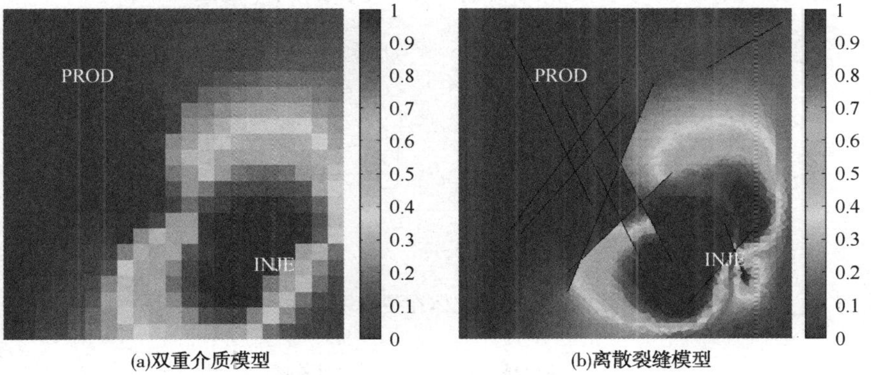


图 3-9 双重介质模型和离散裂缝模型模拟结果对比(饱和度分布)

以往对裂缝性油气藏的描述，通常将裂缝的形状用椭球形表示。而离散裂缝模型方法中，为了简化模型以及网格剖分复杂度，将裂缝简化为一个有厚度的平面，二维模型中为一条有宽度的线段(见图 3-10)。平面的厚度或者线段的宽度作为裂缝的属性，在非结构化网格剖分时无须考虑，仅在后续进行裂缝渗透率、网格体积和传导率等一系列计算时才进行考虑。需要注意的是，由于在一条长裂缝中，裂缝各处开度不同，可能存在不同的渗透率。

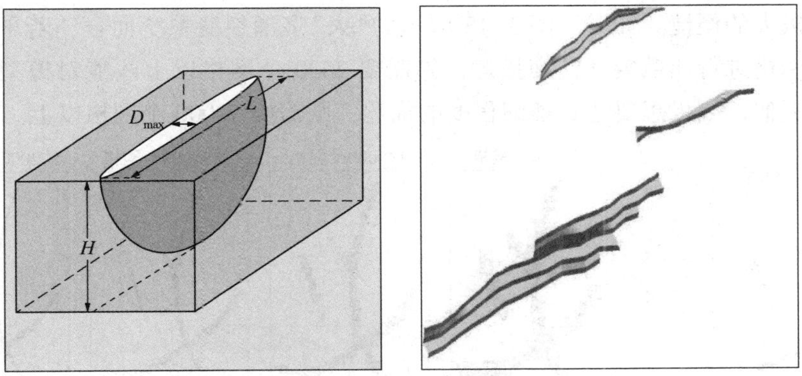


图 3-10 油气藏中的裂缝表示

这种处理方式假设流体在裂缝中必须沿板流动(见图 3-11)，这在实际裂缝尺寸和开度条件下是合理的。然而，需要注意的是，由于在几何网格中裂缝用线段表示，而在计算模型中考虑了裂缝的宽度，因此会引起总体积不守恒。在裂缝较多的情况下，这种误差就不能忽略。处理的方法是对和裂缝相邻的基质网格进行体积修正，即计算基质网格体积时(计算传导率时只用到中心点和交面的信息，无须修正）要从中减去与之相邻的裂缝网格体积的一半（见图3-12）。

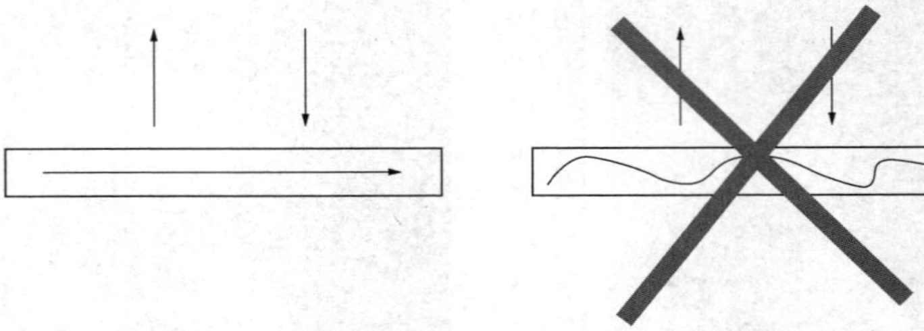

图3-11　假设流体在裂缝中直线前进

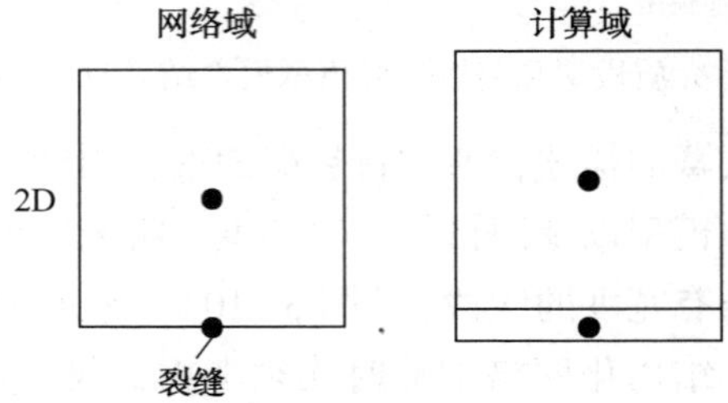


图3-12　裂缝体积修正示意图

采用非结构化网格以及对裂缝几何体进行"降维"的处理方式为离散裂缝描述带来极大的便捷。如对于图3-13所示的"火"字形裂缝系统而言，若采用结构化正交网格进行离散裂缝精细描述，则需要2000个网格以上才能对模型进行比较好的近似，如果想要达到精细程度的描述，则需要50000个网格以上。

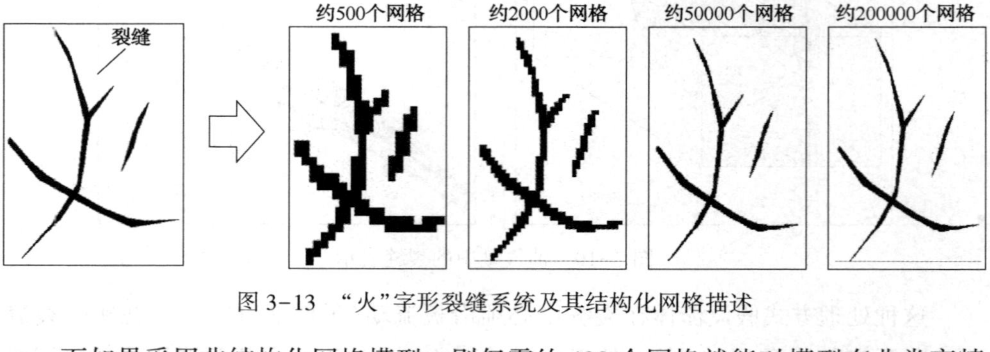


图3-13　"火"字形裂缝系统及其结构化网格描述

而如果采用非结构化网格模型，则仅需约400个网格就能对模型有非常高精度的描述，如果对裂缝几何体进行"降维"处理，则可以进一步将网格数量降低到350个左右。通过赋予裂缝线段不同的宽度，从而在保留原模型特性的前提下，极大地降低了非结构化网格系统的复杂度（见图3-14至图3-16）。

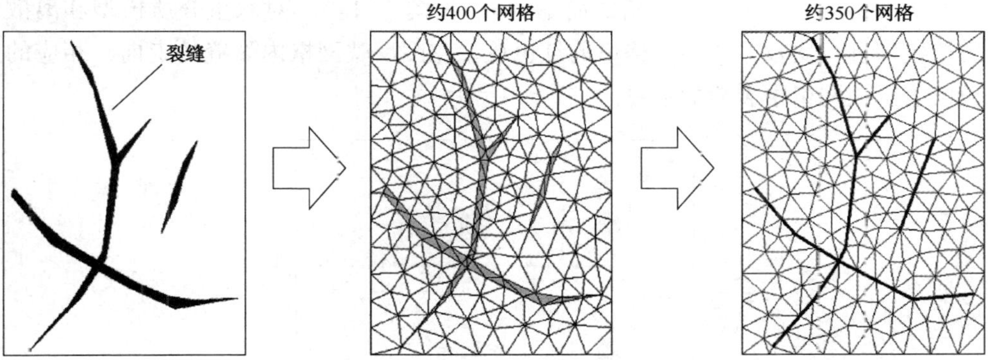


图 3-14 "火"字形裂缝系统及其非结构化网格描述

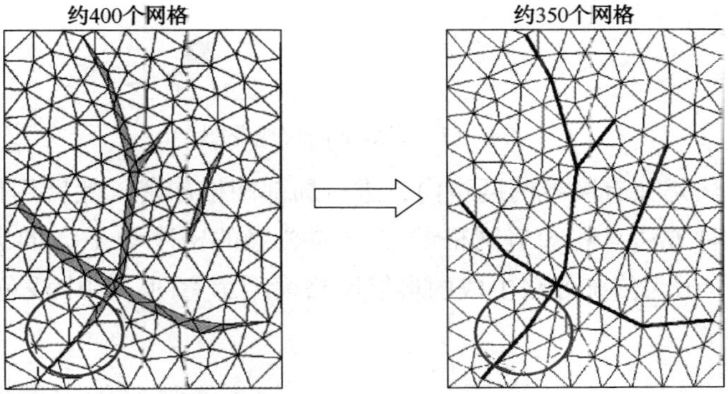


图 3-15 不同裂缝段加入不同的厚度属性

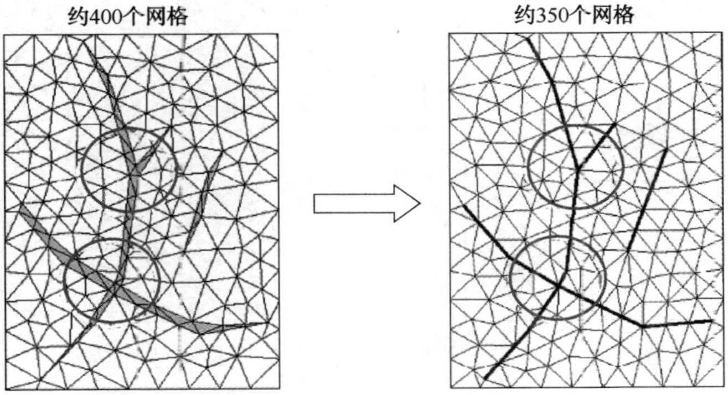


图 3-16 裂缝相交处网格得到简化和优化

在处理好非结构化网格表征离散裂缝系统后，接下来需要计算网格的传导率。

下面将通过一个 3×3 网格的简单例子(见图 3-17)，对双重介质模型和离散裂缝模型进行比较。图中网格里的红色玫瑰花图反映网格内裂缝的走向，相应的数值表示该网格中裂缝的数量。

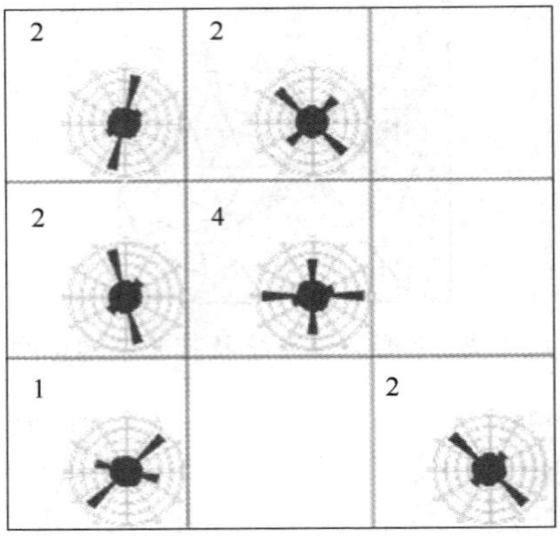


图 3-17　裂缝走向玫瑰花图

传统的方法是在有裂缝的网格内，进行局部网格加密，然后用加密的部分来模拟裂缝。这种方法只需知道网格的 *X* 方向裂缝的密度和 *Y* 方向裂缝的密度即可。图 3-18 所示为传统方法生成的最终网格模型示意图，图中浅色块代表基质、深色块代表裂缝。

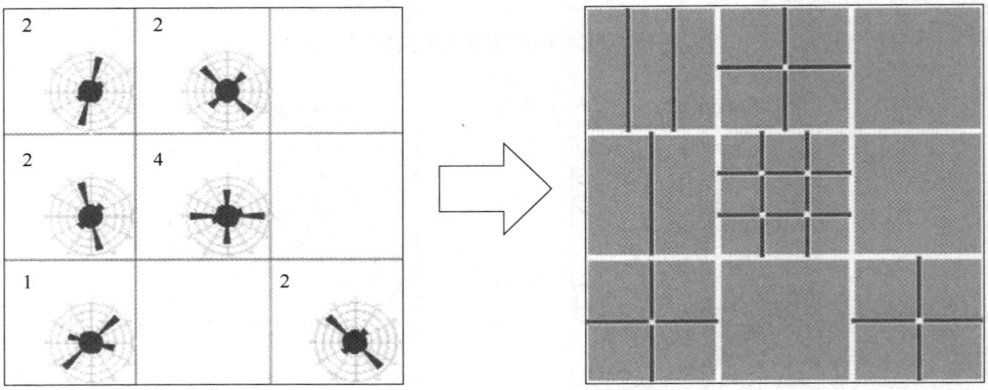


图 3-18　双重介质方法生成的最终网格模型示意图

传统方法之所以这样处理，是因为它基于结构化网格。在这种网格系统的基础上，不可能实现裂缝方向的精细、准确的描述。而离散裂缝方法从一开始就撇弃了传统方法所依赖的结构化网格，而采用非结构化网格来处理裂缝问题，这样就不再受裂缝方向只能是横向和纵向的限制了(见图 3-19)。

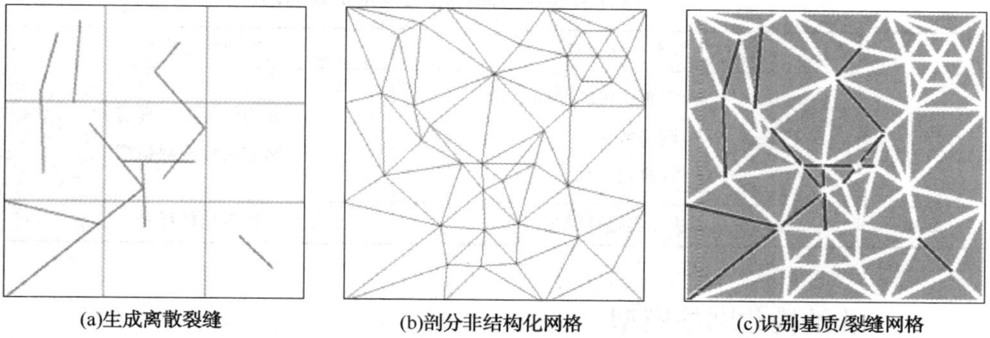


图 3-19 离散裂缝方法随机生成的裂缝

（1）根据已有信息和数据，生成离散裂缝；

（2）利用四面体网格剖分软件进行网格剖分；

（3）识别基质网格和裂缝网格。

至此，离散裂缝方法建模已全部完成。图 3-20 所示为传统方法和离散裂缝方法获得的网格模型的对比。可以看出，离散网格建立的裂缝系统模型更加接近真实情况下的裂缝系统，从而能够更好地模拟真实情况。

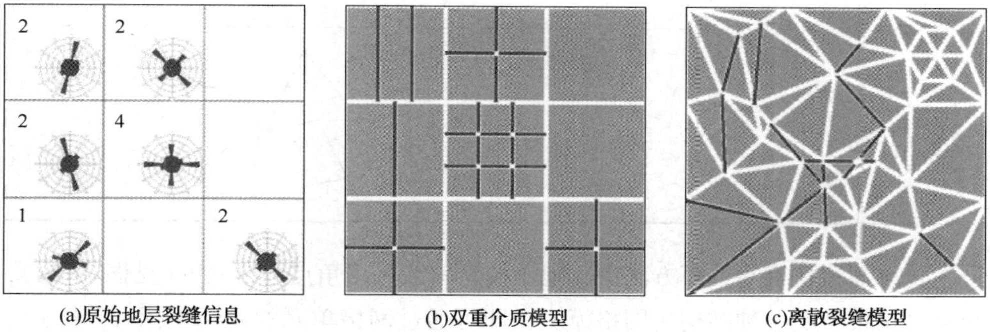


图 3-20 传统方法和离散裂缝方法网格模型对比

总的来说，传统方法和离散裂缝方法各有特点，都有各自的优缺点(见表 3-3)。一般来说，对于裂缝高度发育的储层，考虑裂缝描述成本以及计算成本，双孔模型是一种更为实际有效的方法，然而对于那些裂缝比较稀少，或者某些裂缝主导整个储层流动的模型，则离散裂缝模型无疑是一种更为直接精确的选择。当然，随着科学技术的进步，对储层描述会越来越精细，计算速度也会越来越快，则离散裂缝方法的优势同样会越来越显著。

表 3-3　双重介质模型与离散裂缝模型优缺点对比

| | 双重介质模型 | 离散裂缝模型 |
|---|---|---|
| 优点 | 方法直观、操作简便<br>网格数量少<br>计算速度快 | 缝洞位置灵活真实<br>储层结构刻画精细 |
| 缺点 | 无法如实描述储层 | 计算比较耗时 |

## 一、非结构化网格模型

在实际应用中，离散裂缝模型可以采用任意合适形状的控制体来对模型进行描述，如表 3-4 所示。

表 3-4　二维模型与三维模型的基质和裂缝

| | 二维模型 | 三维模型 |
|---|---|---|
| 基质 | 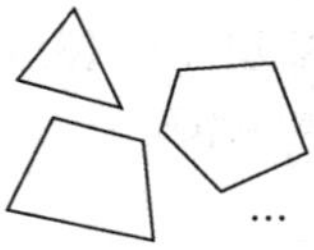 | 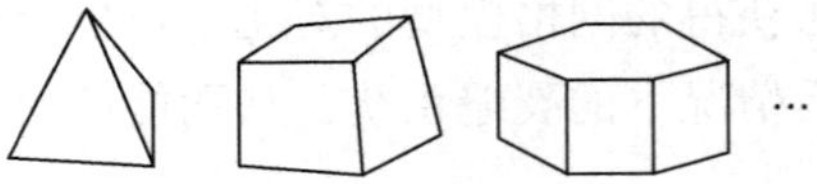 |
| 裂缝 |  | 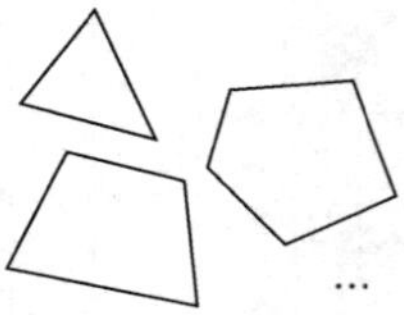 |

传统油藏建模与数模方法中，地质模型一般采用角点网格系统(见图 3-21)，角点网格模型是一种结构化网格模型，即可通过网格单元的逻辑坐标($i$，$j$，$k$)，判断其位置信息及链接网格信息。

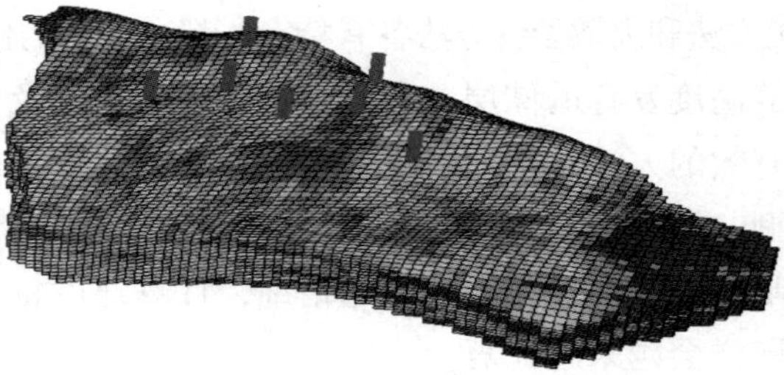

图 3-21　角点网格地质模型示意图

在20世纪80年代以前，直角正交网格在油藏数值模拟中占据主导地位。然而，在处理地质构造或边界形状复杂的油藏时，直角正交网格存在很大的局限性。对于地质模型中的弯曲平面、倾斜断层或者深度变化的地层，直角正交网格只能通过细化加密网格的方法减小锯齿状网格边界的误差，不仅丧失了模型描述的准确性，减低了数值计算精度，加密网格也导致计算代价的提高。1985年，Goldthorpe和Chow首先提出角点网格的概念，并将其应用到兰金油田的数值模拟中。兰金油田是一个具有复杂边界和诸多断层的凝析油藏，很难用直角网格进行近似处理。为了解决这一问题，Goldthorpe和Chow将直角网格进行变形，逐渐发展成为现今被广泛应用的角点网格。

相比直角正交网格，角点网格可以较好地处理断层和沉积构造分层约束下的复杂地质模型，然而，对于带有离散裂缝网络等更为复杂的几何约束模型却并不适用，为了精确适应几何形态更复杂的离散裂缝模型，必须采用非结构化网格。

非结构化网格技术从20世纪60年代开始得到发展，主要是为解决结构化网格无法适应较复杂形状和任意连通区域的网格剖分的缺欠，在有限元分析、固体力学、结构分析等领域得到广泛应用。然而，当前国内外的研究现状，非结构化网格生成技术中目前只有三角形网格(二维模型)和四面体网格(三维模型)的自动生成技术较为稳定，应用也最为广泛，其他任意几何形状实体的非结构化网格生成技术还面临着任意边界恢复或空间过渡等诸多挑战。具体到油藏数值模拟领域，垂直平分(Perpendicular Bisector，简称PEBI网格，见图3-22)网格和四面体网格(见图3-23)是最常见的非结构化网格。

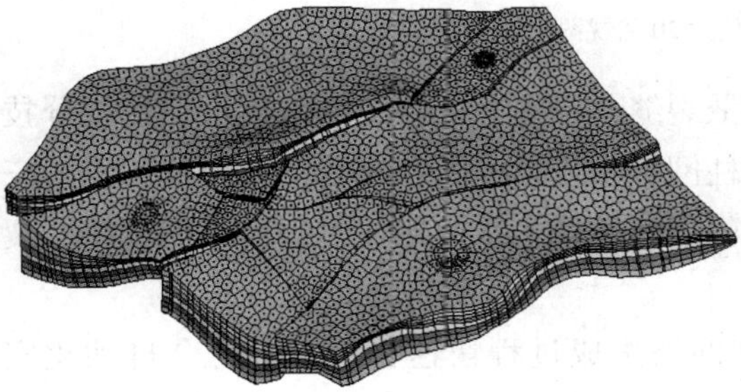

图3-22　PEBI网格

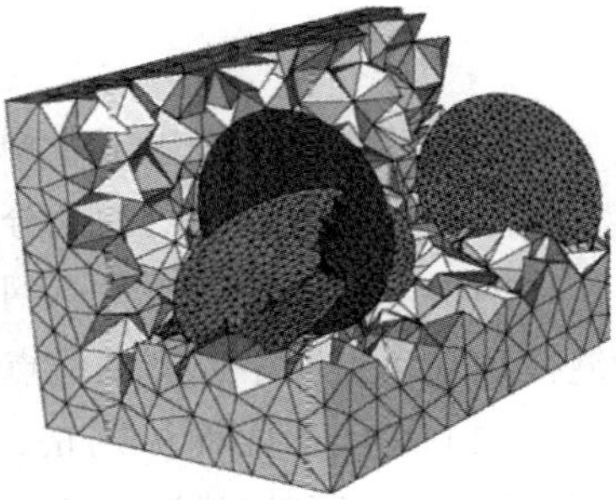

图3-23　四面体网格

在所有非结构化网格中，PEBI网格是质量最好的非结构化网格，其保证相邻网格之间的连线与相交面垂直，在很多情况下，避免了多点流传导率的使用，提高了计算精度与计算效率。然而，PEBI网格一般只能用于二维模型或者拟三维模型中，对于更为复杂的三维裂缝系统(如交错复杂或存在较大倾角的裂缝系统)剖分存在困难。因此，在离散裂缝模型中，更为常用的网格是四面体网格。

高质量的四面体网格通常是基于约束Delaunay三角剖分技术完成的，四面体网格的优点是非常灵活，网格剖分算法成熟可靠，能够很简便地处理点线面体混合的几何体，非常适用于离散裂缝模型。然而，应用四面体网格进行油藏数值模拟时也存在若干缺陷，其中最大的问题是：油藏层向和纵向尺度的不一致与四面体网格无方向性的矛盾。

一般地质模型水平方向尺度在$10^3$~$10^5$m，而纵向尺度(厚度)在1~$10^2$m，加之现今地质建模技术在精细描述方面不断推进，层间细分甚至达到分米级的单砂体级别。如图3-24所示，王窑区地质模型小层精细描述达到0.2~0.5m级别，而网格水平方向尺度为20m，两者尺度差异达到40~100倍。而高质量的四面体网格要求网格尽量均匀，即网格各边长度趋于相近，四面体必须剖分到足够细小(如小层厚度)才能保留原地层的分层信息，造成网格数过多。

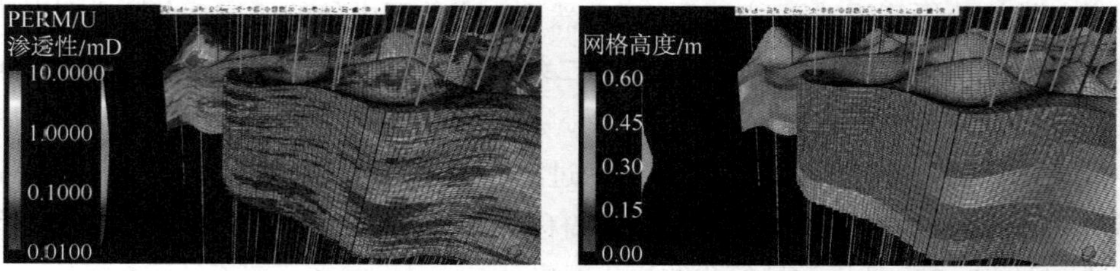


图3-24　某低渗透油藏地质模型砂体刻画与分层厚度

(纵向放大20倍视图)

基于此，人们提出了一种针对离散裂缝薄层模型的新的非结构化网格剖分技术，其中应用较为广泛的是分层三棱柱网格生成技术。新的网格模型基于平面三角形网格剖分与类似于角点网格生成的层间拓扑关系构建技术，同时具有离散裂缝模型与角点网格模型的优点。

(1) 相比于四面体网格，新模型网格生成过程快速稳定，可完全自动化实现，同时具备分层描述的能力，如图3-25所示。

(2) 相比于传统结构化网格或PEBI网格，新模型更加灵活，可以适应更为复杂的离散裂缝系统，可灵活、自由地根据裂缝走向剖分网格，避免了局部网格加密等手段对裂缝的近似。

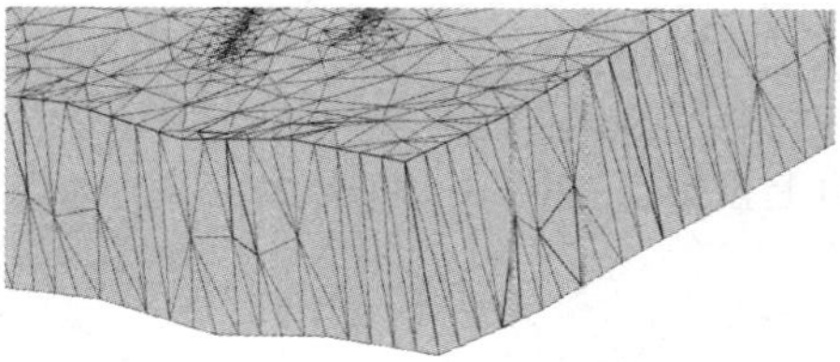

(a)四面体网格

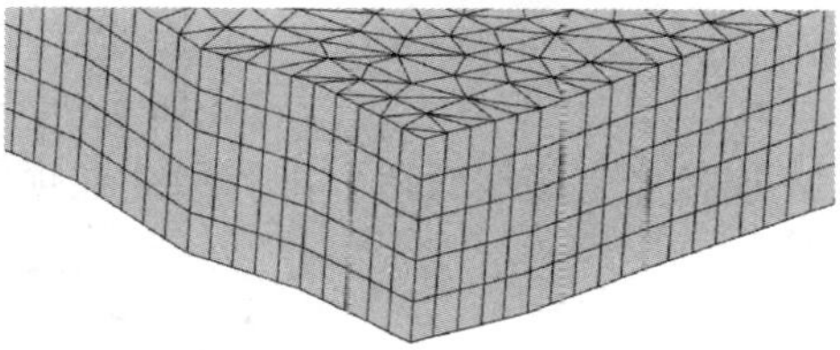

(b)三棱柱网格

图 3-25 非结构化网格纵向描述示意图

（纵向放大为 5 倍）

以图 3-26 所示的裂缝模型为例，分层三棱柱网格的生成方法流程如下。

（1）提取离散裂缝几何信息，并提取层面的几何信息，将裂缝投影到顶底面上。离散裂缝与顶底层面均为曲面，这里简化为平面构成的集合（见图 3-27），各平面的描述公式为：

$$ax+by+cz+d=0 \tag{3-49}$$

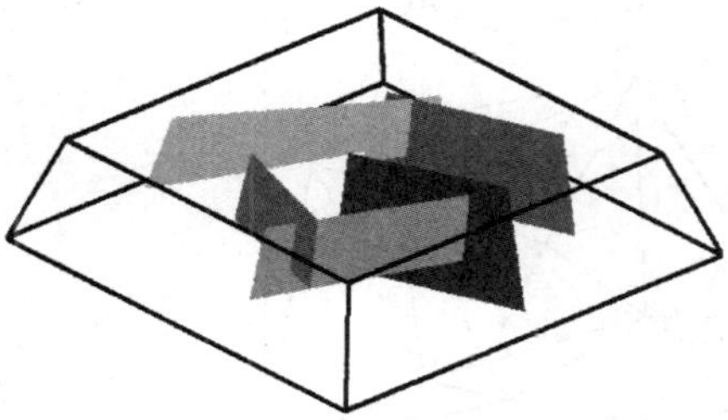

图 3-26 模型边界与离散裂缝

（纵向放大 20 倍视图）

图 3-27 模型分层信息

（纵向放大 20 倍视图）

求取离散裂缝在各层层面上的投影方法为求解离散裂缝各平面与顶底面上各平面的交线，即求解联立方程组(3-50)，如图 3-28 所示。

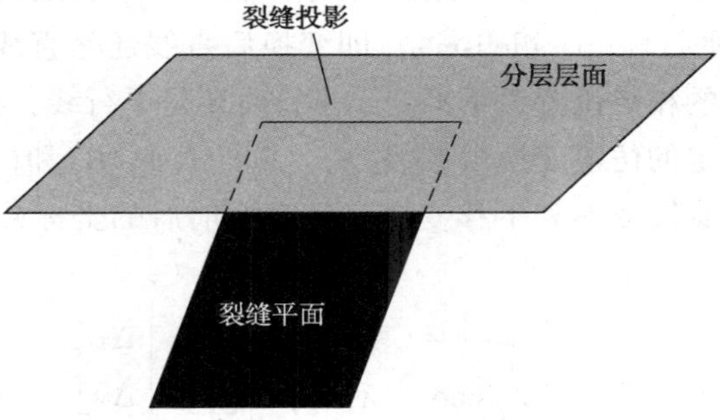


图 3-28 裂缝平面投影示意图

$$\begin{cases} a_1x+b_1y+c_1z+d_1=0 \\ a_2x+b_2y+c_2z+d_2=0 \end{cases} \tag{3-50}$$

连接所有交线线段，即为裂缝在顶底面上投影，如图 3-29 所示。

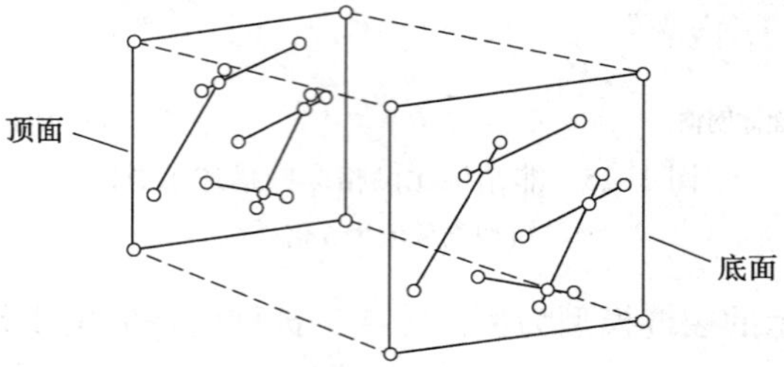


图 3-29　裂缝投影结果示意图

（2）对顶底面分别进行约束 Delaunay 三角剖分，如图 3-30 所示。

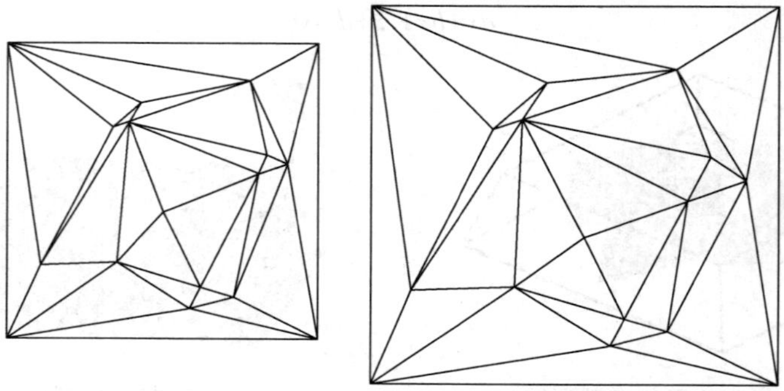


图 3-30　约束 Delaunay 三角形剖分

在顶底面三角网格的基础上，通过仿射变换(affine transform)构建顶底面几何拓扑关系。仿射变换是一种坐标之间的线性变换，其可以保持二维图形的平直性(straightness)和平行性(parallelism)，即变换后直线还是直线，圆弧还是圆弧，且保持二维图形间的相对位置关系不变，平行线还是平行线，而直线上点的位置顺序不变。一个特定的仿射变换由参数($\lambda_x$，$\lambda_y$)、($\alpha$，$\beta$)和($\Delta x$，$\Delta y$)确定，分别代表缩放变换、旋转变换和平移变换。其变换前后的坐标($x$，$y$)和($X$，$Y$)满足表达式(3-51)。

$$\begin{bmatrix} X \\ Y \end{bmatrix} = \begin{bmatrix} \lambda_x\cos\alpha & -\lambda_y\sin\beta \\ \lambda_x\sin\alpha & \lambda_y\cos\beta \end{bmatrix} \begin{bmatrix} x \\ y \end{bmatrix} + \begin{bmatrix} \Delta x \\ \Delta y \end{bmatrix} \tag{3-51}$$

（3）在步骤(2)的基础上，对顶底面进行三角网格优化，如图 3-31 所示。

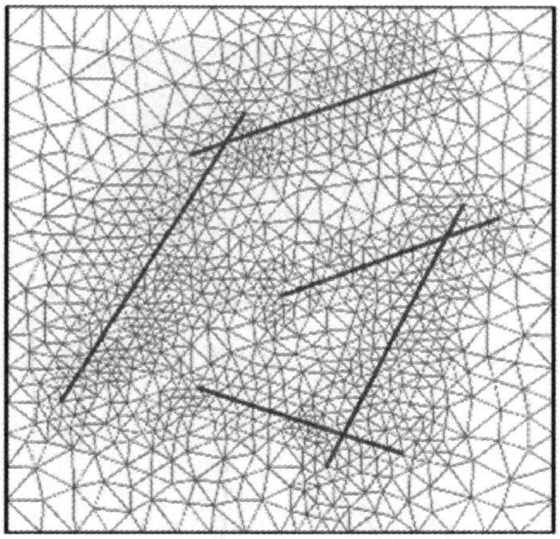

图 3-31 优化三角网格

并利用仿射变换参数建立优化后顶底面三角网格节点之间的拓扑关系(见图 3-32)，连接顶底面对应的节点，形成与角点网格类似的网格柱(见图 3-33)，计算每个网格柱的表达式，其形式如式(3-52)所示，不难发现直线表达式实则为两个平面的相交。

$$\begin{cases} a_1x+b_1y+c_1z+d_1=0 \\ a_2x+b_2y+c_2z+d_2=0 \end{cases} \tag{3-52}$$

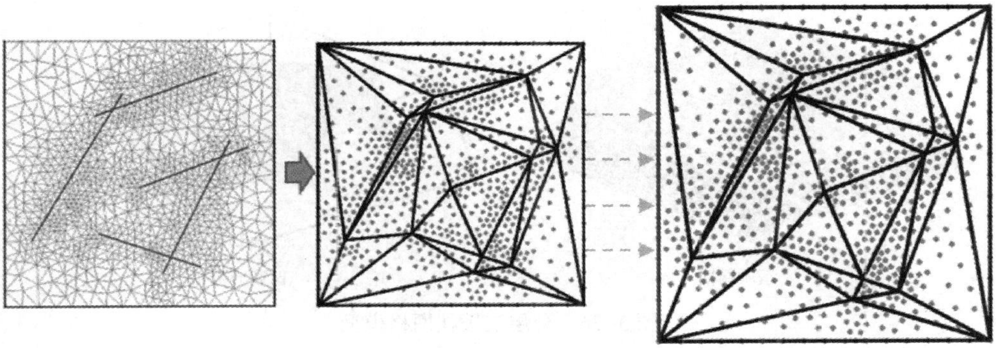

图 3-32 根据仿射变换参数建立拓扑关系

(4) 通过联系网格柱与各层层面的表达式，计算网格柱与各层层面的交点。通过连接各层层内相应的网格柱线段，可以构建各层的网格，其中基质网格为三棱柱网格(见图 3-34)，裂缝网格为四边形网格(见图 3-35)。

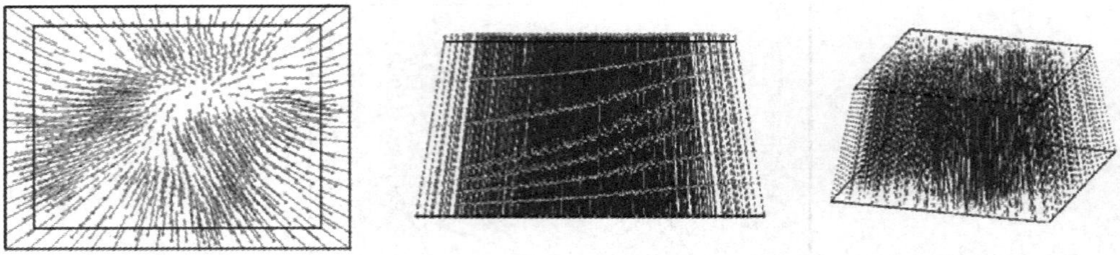

(a)俯视图　　(b)前视图　　(c)侧视图

图 3-33　构建顶底面拓扑连接关系

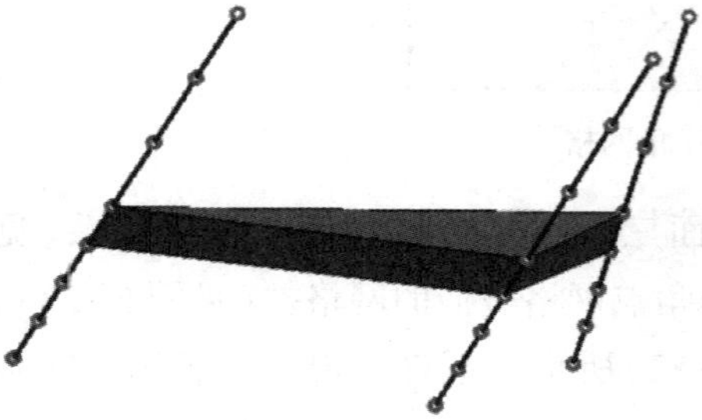

图 3-34　层内基质网格(三棱柱)构建

图 3-35　层内离散裂缝网格(四边形)构建

至此，建立了完整的分层三棱柱网格模型，如图 3-36 所示。

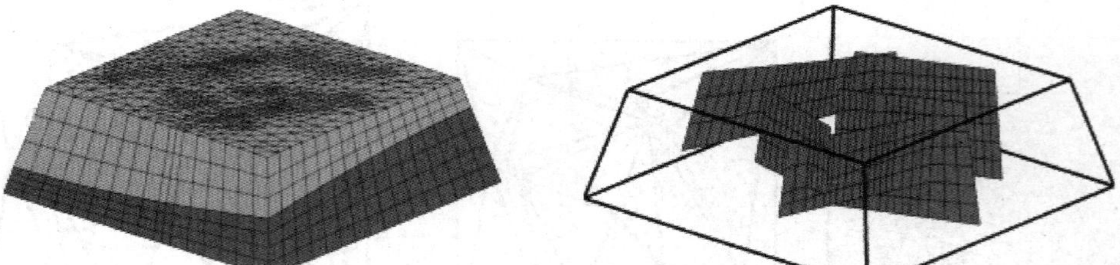

(a)基质网格　　(b)裂缝网格

图 3-36　分层三棱柱网格模型

(不同颜色深浅代表不同层)

## 二、非结构化网格属性

与常规角点网格类似，非结构化网格剖分完毕后，需要进行属性建模，即将孔隙度、渗透率等属性赋予网格，以进行后续数值模拟工作。由于效率与可行性等因素，人们通常不会直接在非结构化网格系统上进行常规属性建模步骤，而是采用属性映射的方式建立非结构化网格的属性模型。

采用从角点网格属性模型映射到非结构化网格系统中，计算公式为：

$$x_I^{\mathrm{DFM}} = \frac{\sum_i x_i V_i}{\sum_i V_i} \tag{3-53}$$

式中 $I$——DFM 网格的编号；

$i$——角点网格的编号；

$x_i$——角点网格 $i$ 的属性值；

$V_i$——角点网格 $i$ 落在 DFM 网格 $I$ 中的体积。

为了计算$V_i$需要精确求得每个角点网格落在 DFM 网格中的几何部分，这一过程需要消耗非常多的计算量。在角点网格与 DFM 网格尺度差异不大的情况下，可采用下述简化公式进行计算：

$$x_i^{\mathrm{DFM}} = x_i,\ (x_I^{\mathrm{DFM}},\ y_I^{\mathrm{DFM}},\ z_I^{\mathrm{DFM}}) \in CPG_i \tag{3-54}$$

即寻找 DFM 网格 $I$ 的控制点落在哪个角点网格 $i$ 中，直接将 $i$ 的属性赋予 $I$。

## 三、基于联通表思想的数值模拟

由于非结构化网格无法通过编号获得网格连接信息，因而就不能构建完整的油藏渗流连续性方程。最早提出联通表概念的是 Lim 等(1995)，其提出了以网格邻接关系表示的数值模拟网格系统。联通表的表示方法，即以每个网格为中心，存储其相邻网格的编号以及与相邻网格之间的传导率，其抛开了网格节点的概念，每个网格与周围网格的关系都由联通表控制。

于是，对于任一模型，只需确定网格之间的邻接关系以及相邻网格之间的传导率，而无须再关心网格的具体几何信息。

对于结构化网格而言，从物理空间及静态的角度来看，相邻的邻居网格关系事先已知，图 3-37 对于一维、二维、三维来说，相邻的网格数量依次为 2 个、4 个、6 个，因此邻接表征关系相对简单。

对于非结构化网格，其周围的连接网格数量是不固定的，如图 3-38 所示。

更一般地，传导率联通表还可以用来表示广义的数值模拟网格。例如，对于多重介质，具有多套网格，对于每种介质，联通表包括的信息与单重介质一致；对于介质之间的联通，联通表也给出了相应的关系，包括某种介质的某个网格与其他介质的联通关系(见图 3-39)。

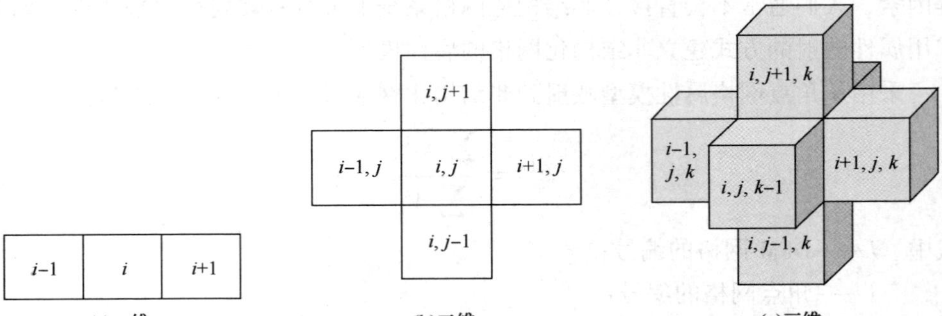


(a)一维　(b)二维　(c)三维

图 3-37　一维、二维、三维结构化网格邻接关系示意图

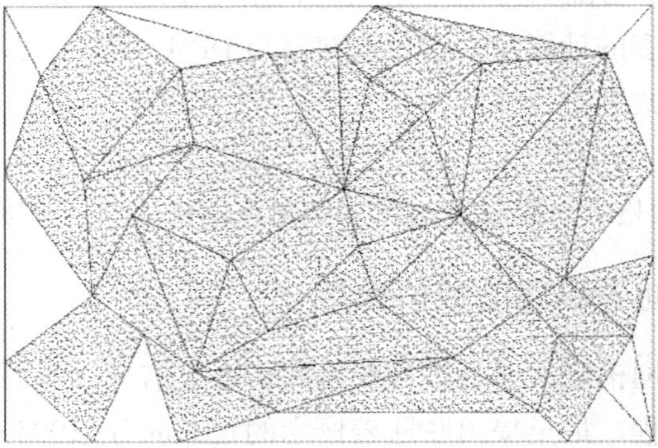

图 3-38　非结构化网格中间网格示意图(灰色)

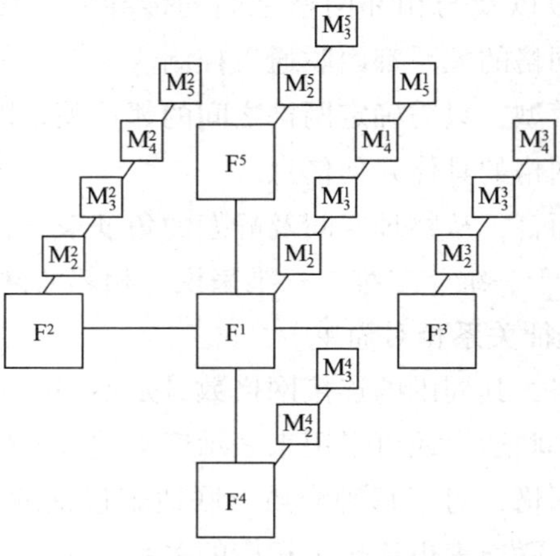


图 3-39　多重介质的联通表

## 四、非结构化网格传导率

上一节介绍了基于联通表思想的数值模拟方法，该方法的核心步骤除了确定网格间的连接关系以外，便是计算相邻网格间的传导率。网格的传导率与渗透率类似，通常认为是一个与流体性质无关的属性，因此为简单起见，本节所有讨论，均假设为单相流动问题，且忽略重力影响。则对于任意控制体，流量公式可以写为：

$$Q_{i,j}=T_{i,j}\lambda(p_i-p_j) \tag{3-55}$$

式中 $Q_{i,j}$——单位时间中从网格块 $i$ 到网格块 $j$ 的流量；

$p$——网格块压力；

$T_{i,j}$——传导率，只与网格和多孔介质属性有关；

$\lambda$——流度，和流体属性有关。

如前所述，网格剖分完毕后，最重要的问题就是解决裂缝基质网格之间的传导率。离散裂缝模型的传导率计算可分为基质-基质（M-M）传导率、基质-裂缝（M-F）传导率和裂缝-裂缝（F-F）传导率，如图 3-40 所示。

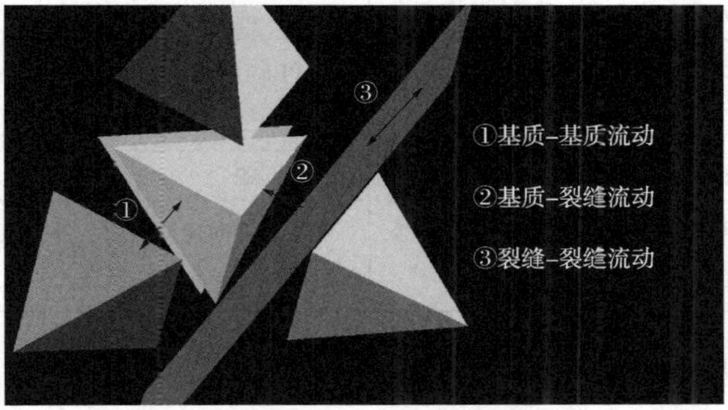


图 3-40 三维离散裂缝模型中三种传导率示意图

图 3-41 所示为二维模型，可以更清晰地展示这三种传导率的意义。

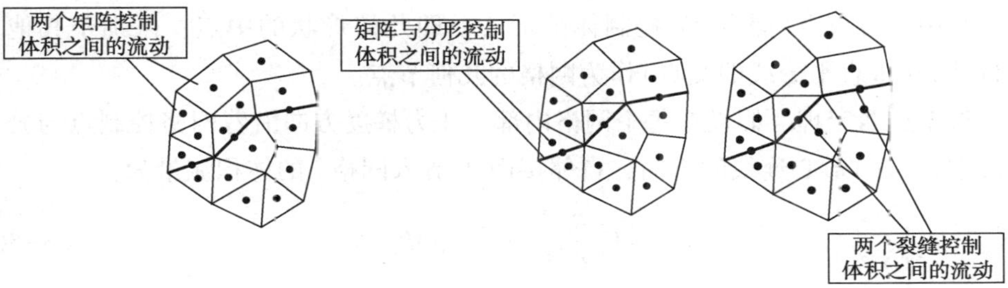


图 3-41 二维模型中三种传导率

在网格排序及邻接关系表征的基础上，重点讨论相邻网格间的联通性定量表征技术，即传导率计算。传导率计算，是指每个网格与其周围所有网格的流体流动量总和。每个网格都是由一些面组成的，因此计算的最终，无论是结构化网格还是非结构化网格，均归结为相邻两个网格间的传导率计算，最后进行求和。对于结构化网格，每个网格与其周围网格的连接关系已知，并且正交，以三维问题为例，需要计算 3 个方向即 6 个相邻网格之间的传导率。而对于非结构化网格，相邻两个网格可能正交，也可能不正交，网格中心与接触面中点的连线并非一定垂直，每个网格的相邻网格数量也不定，因此需要根据邻接网格的数量，分别计算传导率，最后求和计算。

结构化网格和非结构化网格在排序、联通表、正交性、质量守恒性等方面的对比如表 3-5 所示。

**表 3-5　结构化网格和非结构化网格对比**

| 网格类型 | 结构化 | 非结构化 |
| --- | --- | --- |
| 排序 | 减小矩阵带宽，提高存储与计算 | 没有成熟方法 |
| 联通表 | 可以通过坐标编号确定，算法成熟 | 无序，需要用到特别算法计算传导率 |
| 正交性 | 往往较好 | 除 PEBI 网格外，一般情况较差，需要可靠的传导率算法 |
| 质量守恒性 | 没有问题 | 没有问题 |
| 优缺点 | 简单，计算效率高；但不够灵活，不能处理复杂边界模型 | 灵活，几何适应性好；矩阵无序，正交性差，需要可靠的传导率算法及强大的求解技术 |

（1）基质-基质(M-M)传导率

由于非结构化网格的控制体形状多样，相邻两个网格之间难以恒定正交，$L_{ij}$ 难以直接确定，因此采用非结构化控制体积有限差分法近似处理两点之间流体流动，借助邻接面构造网格 $i$ 与网格 $j$ 之间的传导率关系，如图 3-42 所示。

其中，各节点(黑点)为控制体的形心，即几何形状的中点，区别于其他方法将外心(垂直平分线的交点)作为网格的几何节点。

根据达西定理，假设在每个网格内部，压力梯度方向沿着网格控制点与公共边(或公共面)形心连线的方向，自邻接面 $A_{ij}$ 流入网格 $i$ 的体积流量为：

$$Q_{i,0}=K_i\frac{k_r}{\mu_i}\frac{A_{ij}}{D_i}\cdot\vec{n}_i\,\vec{f}_i(\Phi_0-\Phi_i) \tag{3-56}$$

自网格 $i$ 流入邻接面 $A_{ij}$ 的体积流量为：

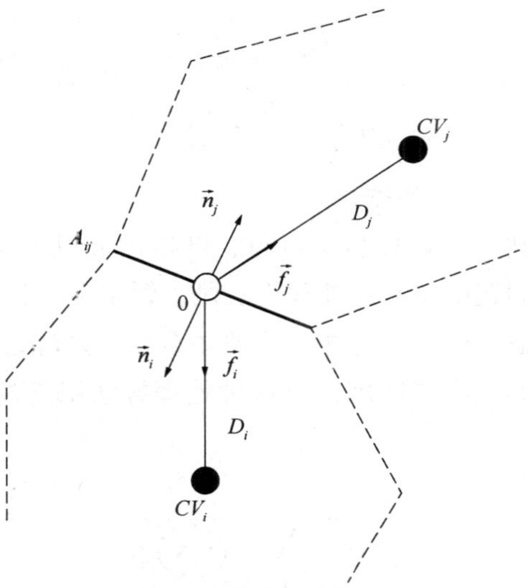


图 3-42　基质-基质传导率计算示意图

$$Q_{0,j}=K_j\frac{k_r}{\mu_j}\frac{A_{ij}}{D_j}\cdot\vec{n}_j\vec{f}_j(\Phi_j-\Phi_0) \tag{3-57}$$

由于流量守恒，可知：

$$Q_{i,0}=Q_{0,j} \tag{3-58}$$

忽略网格 $i$、$j$ 之间的流体性质的变化，即

$$K_i\frac{A_{ij}}{D_i}\cdot\vec{n}_i\vec{f}_i(\Phi_0-\Phi_i)=K_j\frac{A_{ij}}{D_j}\cdot\vec{n}_j\vec{f}_j(\Phi_j-\Phi_0) \tag{3-59}$$

令

$$\alpha=A\cdot\frac{K}{D}\cdot\vec{n}\cdot\vec{f} \tag{3-60}$$

整理得，

$$\Phi_0=\frac{\alpha_i\Phi_i+\alpha_j\Phi_j}{\alpha_i+\alpha_j} \tag{3-61}$$

代入式(3-59)中得到，网格 $i$、$j$ 之间的体积流量交换为：

$$Q_{i,j}=\frac{\alpha_i\alpha_j}{\alpha_i+\alpha_j}\cdot\frac{k_r}{\mu_i}[\Phi(P)_j-\Phi(P)_i] \tag{3-62}$$

从而，任意形状的基质网格 $i$、$j$ 之间的传导率为一个与变量无关，仅与网格的几何形状和多孔介质属性有关的参数，如式(3-63)、式(3-64)所示：

$$T_{i,j}=\frac{\alpha_i\alpha_j}{\alpha_i+\alpha_j} \tag{3-63}$$

$$\alpha=A\cdot\frac{K}{D}\cdot\vec{n}\cdot\vec{f} \tag{3-64}$$

（2）裂缝–裂缝(F–F)传导率

为了使网格剖分和后续计算易于进行，网格剖分过程中对裂缝采取“降维”处理的办法，即二维问题中将裂缝处理为线段，暂不考虑其宽度，三维问题中将其处理为面，暂不考虑其厚度。这样的处理并不会失去精确性，因为在后面的计算模型中会考虑裂缝的宽度或厚度，对这种处理方法引起的体积误差进行修正。如图 3–43 所示。

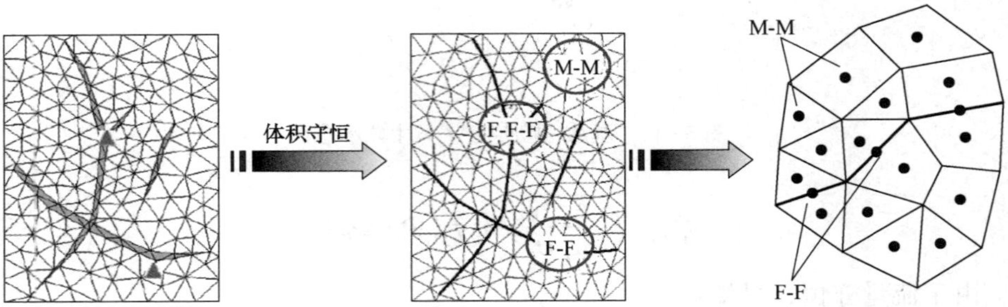


图 3–43　网格划分中裂缝的“降维”处理

（黑色线段代表裂缝，黑色圆点代表网格中心点。基质和裂缝都作为控制体参与后续计算）

裂缝–裂缝(F–F)传导率计算分为以下两种情况：

1）相连裂缝网格之间的传导率

一般情况下，两个裂缝网格之间不存在公共面，因此无法直接使用公式进行计算。为了解决这个问题，此处引入一个体积无穷小的虚拟网格——“0 网格”进行计算，有助于模拟裂缝的转向和厚度的变化(见图 3–44)。

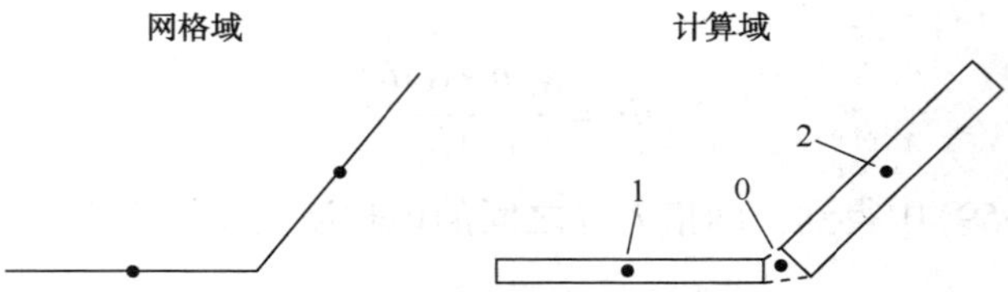


图 3–44　两连接裂缝传导率计算网格及几何网格对比

“0 网格”的特点是与相连两条裂缝都是“正交”连接的，即网格中心点连线 0–1 和 0–2 分别与其公共面正交。假设裂缝网格 1 到裂缝网格 2 发生的所有流动

都是通过“0 网格”进行传导的，那么，

$$\vec{n}_0 \cdot \vec{f}_0 = \vec{n}_1 \cdot \vec{f}_1 = \vec{n}_2 \cdot \vec{f}_2 = 1 \tag{3-65}$$

故

$$T_{12} = \frac{T_{10}T_{02}}{T_{10}+T_{02}},\ T_{10} = \frac{\alpha_1\alpha_0}{\alpha_1+\alpha_0},\ T_{02} = \frac{\alpha_0\alpha_2}{\alpha_0+\alpha_2},\ \alpha_i = \frac{A_i k_i}{D_i} \tag{3-66}$$

式中 $A_i$——网格 $i$ 与网格 0 的交面面积，即裂缝网格 $i$ 的宽度；

$k_i$——裂缝网格渗透率；

$D_i$——$i$ 网格中心点到相交面中心点的距离。

由于“0 网格”设定为无穷小，即有

$$\begin{cases} D_1 \ll D_0 \\ D_2 \ll D_0 \end{cases} \Rightarrow \begin{cases} \alpha_1 \ll \alpha_0 \\ \alpha_2 \ll \alpha_0 \end{cases} \Rightarrow \begin{cases} T_{10} = \dfrac{\alpha_1\alpha_0}{\alpha_1+\alpha_0} \cong \alpha_1 \\ T_{02} = \dfrac{\alpha_0\alpha_2}{\alpha_0+\alpha_2} \cong \alpha_2 \end{cases} \tag{3-67}$$

则，相连裂缝网格间的传导率为：

$$T_{12} = \frac{T_{10}T_{02}}{T_{10}+T_{02}} \cong \frac{\alpha_1\alpha_2}{\alpha_1+\alpha_2} \tag{3-68}$$

2）相交裂缝网格之间的传导率

当裂缝出现相交（包括分支、汇合等）情况时，会出现三条及以上相交裂缝网格间的传导率计算（见图 3-45）。与相连裂缝网格类似，也需在交点处加入“0 网格”。此处将流体的流动问题类比于电流问题，则裂缝传导率可类比于电阻率，如图 3-46 和图 3-47 所示。

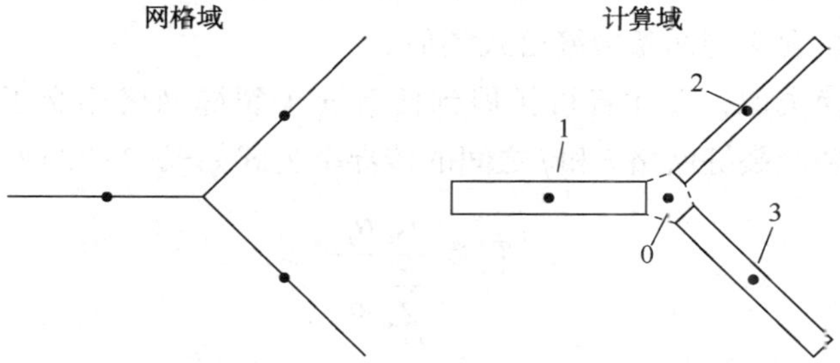


图 3-45　三连接裂缝传导率计算网格及几何网格对比

由基尔霍夫定律的星角变换公式，可以类似地将上述星形连接转变为三角连接，因此可以得到：

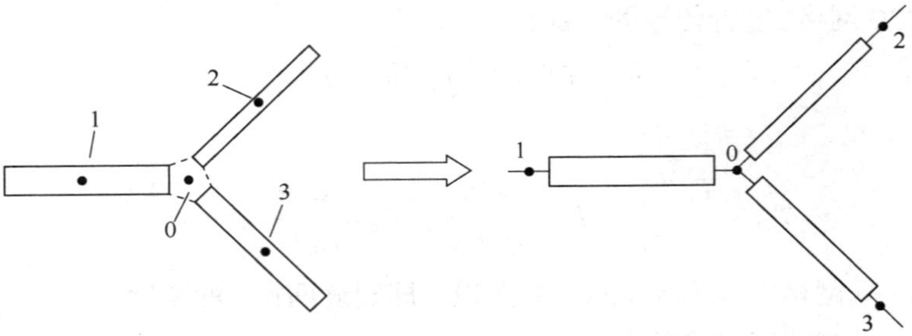


图 3-46　流动问题与电流问题的类比

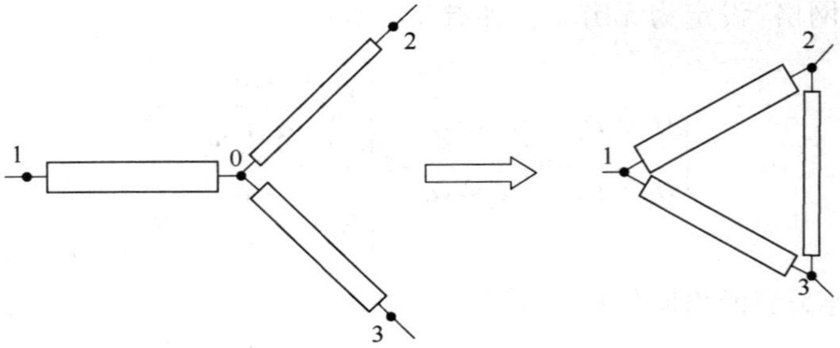


图 3-47　星角变换

$$\begin{cases} T_{12}=\dfrac{T_{10}T_{02}}{T_{10}+T_{02}+T_{03}}\cong\dfrac{\alpha_1\alpha_2}{\alpha_1+\alpha_2+\alpha_3} \\ T_{13}=\dfrac{T_{10}T_{03}}{T_{10}+T_{02}+T_{03}}\cong\dfrac{\alpha_1\alpha_3}{\alpha_1+\alpha_2+\alpha_3} \\ T_{23}=\dfrac{T_{20}T_{03}}{T_{10}+T_{02}+T_{03}}\cong\dfrac{\alpha_2\alpha_3}{\alpha_1+\alpha_2+\alpha_3} \end{cases} \tag{3-69}$$

式中各变量含义与两条裂缝公式类似。

与星角变换类似，上述各可扩展到任意 $n$ 个裂缝网格相交于同一节点的情形，其中任意两个裂缝网格 $i$ 和 $j$ 之间的传导率公式如式(3-70)所示：

$$T_{ij}\cong\frac{\alpha_i\ \alpha_j}{\sum_{k=1}^{n}\alpha_k} \tag{3-70}$$

(3) 基质-裂缝(M-F)传导率

当裂缝高度离散时，采用 DFM 方法对裂缝进行精细刻画，裂缝与基质之间的窜流量可用传导率来表示，表示方法与相同介质之间传导率表示方法类似，如图 3-48 所示。

虽然在网格剖分时，对裂缝进行了降维处理，但在计算传导率时，裂缝会被还原成原来的形态，即在离散裂缝方法中，裂缝被当作一个有厚度的矩形来处理，如图 3-49 和图 3-50 所示。

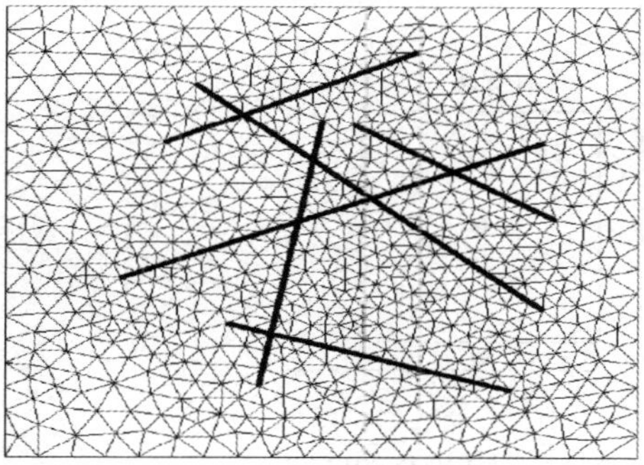

图 3-48 离散裂缝网格剖分示意图

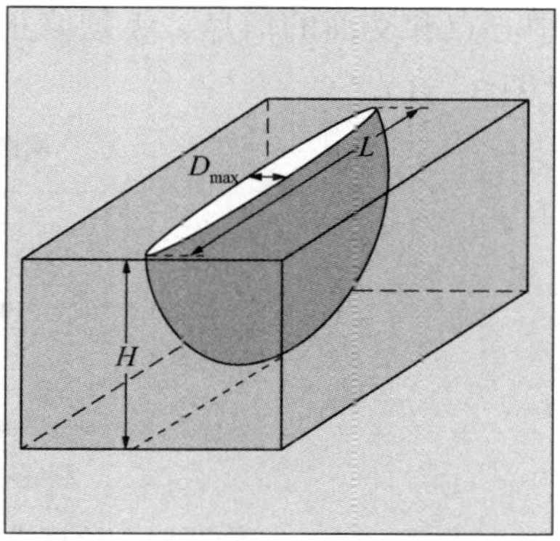


图 3-49 油藏中的裂缝表示

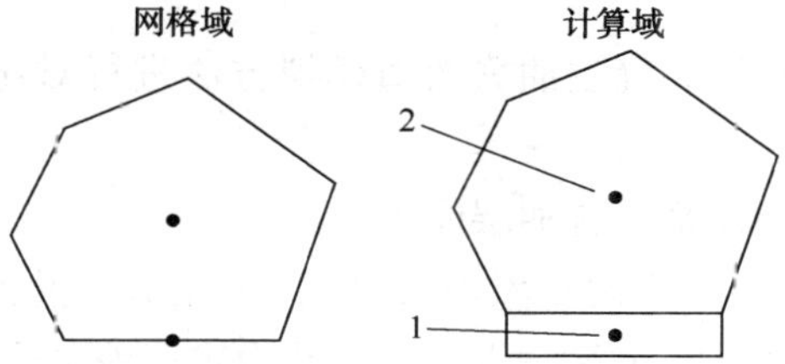


图 3-50 基质-裂缝(M-F)传导率计算网格及几何网格对比

1—裂缝网格；2—基质网格

因此，裂缝与邻接网格面完全正交，

$$\vec{n}_1 \cdot \vec{f}_1 = \vec{n}_f \cdot \vec{f}_f = 1 \tag{3-71}$$

所以，基质-裂缝传导率计算与基质-基质传导率计算基本一致，如式(3-72)~式(3-74)所示：

$$T_{m\text{-}f} = \frac{\alpha_m \alpha_f}{\alpha_m + \alpha_f} \tag{3-72}$$

其中，

$$\alpha_m = A_m \cdot \frac{K_m}{D_m} \cdot \vec{n}_m \cdot \vec{f}_m \tag{3-73}$$

$$\alpha_f = A_f \cdot \frac{K_f}{D_f} \tag{3-74}$$

由于在网格中裂缝用线段表示，而在计算模型中考虑了裂缝的宽度，因此会引起总体积不守恒。当裂缝较多时，这种误差就不能忽略。处理的方法是对和裂缝相邻的基质网格进行体积修正，即计算基质网格体积时(计算传导率时只用到了中心点和交面的信息，无须修正)要从中减去与之相邻的裂缝网格体积的一半(见图3-51)。

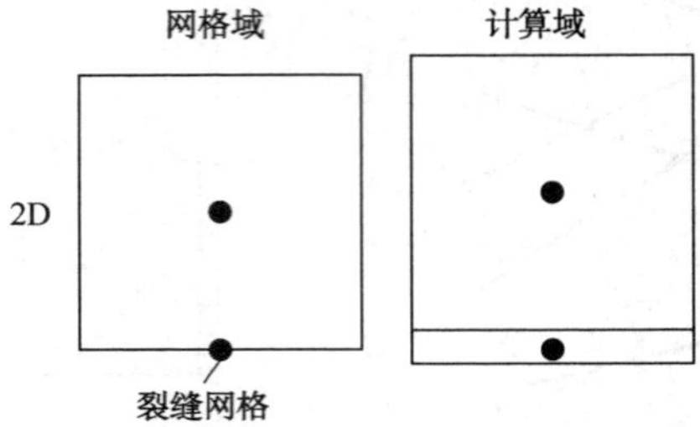


图3-51　计算模型与网格模型中裂缝网格的区别

## 五、验证实例

为对目前常见的几种裂缝型油藏数值模拟方法进行对比，设计如图3-52所示的概念模型：

（1）该油藏为整装油藏，含油层厚10m；

（2）油藏注水开发(油水两相黑油模型)，采用五点井网，取1/4井组模型，为一注一采模型，注入井为定量注入，生产井为定产液量开采；

（3）油藏包含6条大裂缝，裂缝方向分为2组，分别平行于$X$和$Y$方向，如图3-53所示。其他油藏及开发参数如表3-6所示。

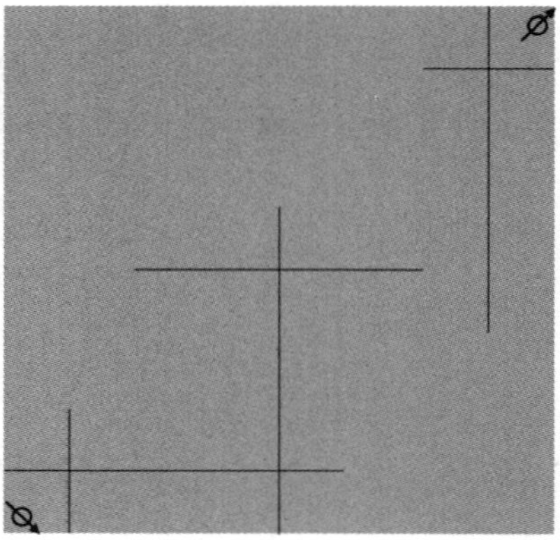

图3-52　概念模型示意图

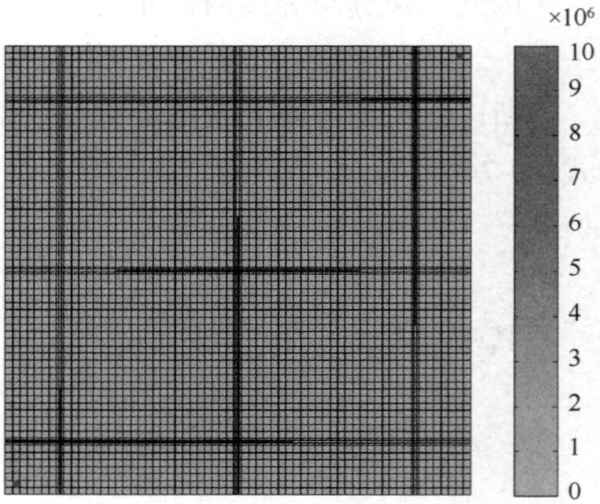


图3-53　对数加密网格渗透率

**表 3-6 其他油藏及开发参数**

| 参　数 | 值 | 参　数 | 值 |
|---|---|---|---|
| 裂缝开度 | 0.01ft | 束缚水饱和度 | 0.2 |
| 基质孔隙度 | 0.1 | 原始地层压力 | 4000psi |
| 裂缝孔隙度 | 1 | 生产井产液量 | 1000std/d |
| 基质渗透率 | 5mD | 注入井注水量 | 1000std/d |
| 裂缝渗透率 | $10^7$mD | | |

对比模型包括：对数加密方法、离散裂缝模型、层状离散裂缝模型。

(1) 近裂缝对数加密正交网格

近裂缝对数加密方法采用 $XY$ 坐标正交网格，纵向划分 10 层，每层 1m，平面上将裂缝按其开度定义为独立网格，将其附近的基质进行对数加密，以下为加密后网格(渗透率)，网格数为 16641。

近裂缝对数加密正交网格适合处理与网格方向平行的裂缝，计算结果最精确，可作为其他方法的检验标准，然而加密过程复杂烦琐。

(2) 裂缝渗流属性等效网格

裂缝渗流属性等效方法将裂缝的孔隙度、导流能力等效进其所在网格，其中：

孔隙度等效方法

$$\varphi=\varphi_m+\sum(\varphi_f-\varphi_m)\frac{a}{D} \tag{3-75}$$

$X$、$Y$ 方向渗透率等效方法

$$k=[k_m(D-a)+K_f a]/D \tag{3-76}$$

图 3-54 所示为裂缝渗流属性等效网格示意图(网格数为 441)。

裂缝渗流属性等效方法可以处理倾斜裂缝，孔渗等效过程直观，操作简单，裂缝信息损失较多，效果被“平均化”，模拟结果不可靠。

(3) 双孔双渗模型

如前文所述，双重孔隙介质模型使用两套网格系统来描述基质系统和裂缝系统，基质系统与裂缝系统在空间上重叠，基质向裂缝的流动由“传输方程”描述。

双孔双渗模型适合处理大规模微裂缝网的情况，对大裂缝而言模型过于理想化，“输运方程”形式难以确定，尚存争议，对于某些情形模拟结果仍不可靠。

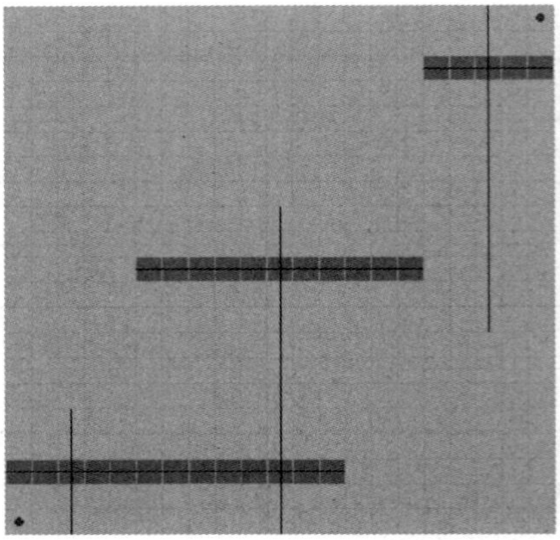
(a)X方向等效渗透率

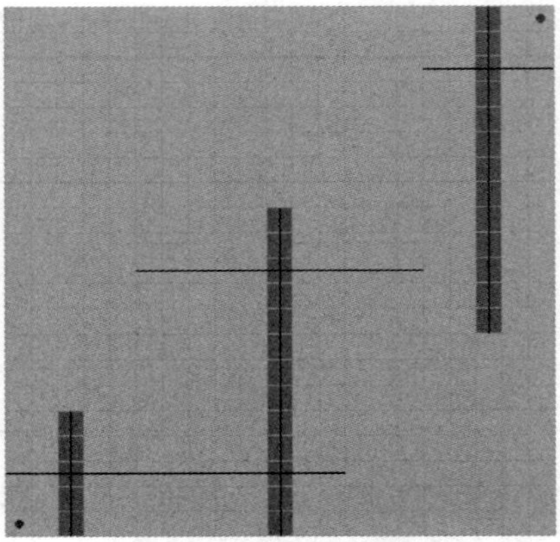
(b)Y方向等效渗透率

图 3-54　裂缝渗流属性等效网格示意图

（4）离散裂缝模型

离散裂缝模型基于裂缝真实形态作为几何约束，将模型剖分为非结构化网格。为了更好地考察离散裂缝模型的精度，分别建立了三角形非结构化网格粗模型和细模型各一套，精细的离散裂缝模型共包括 16666 个网格，与对数加密方法的网格数(16641)相当，粗略的离散裂缝模型共包括 2716 个网格，如图 3-55 和图 3-56 所示。

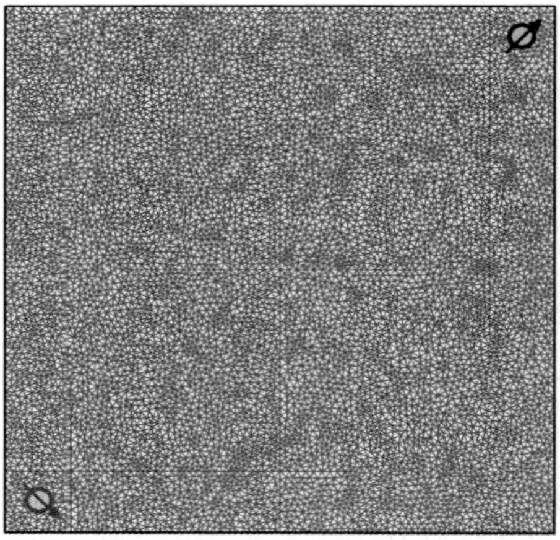
图 3-55　三角形非结构化网格(细模型)

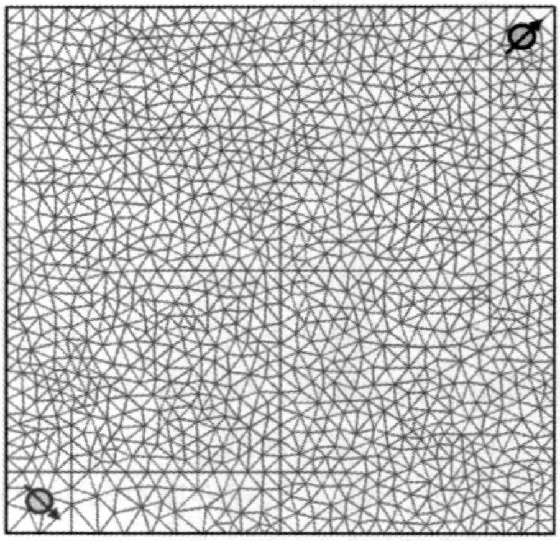
图 3-56　三角形非结构化网格(粗模型)

图 3-57 和图 3-58 所示为模拟结果。可以看出，几个离散裂缝模型结果与参考模型(近裂缝对数加密正交网格)基本吻合。

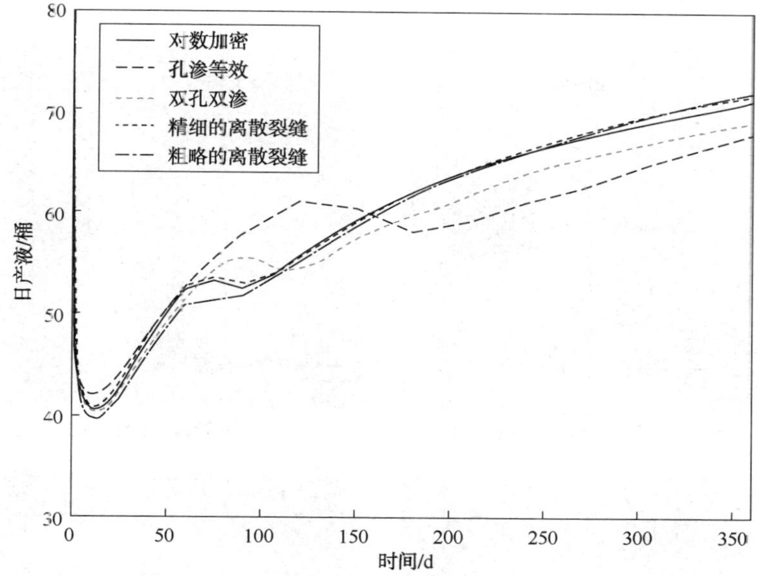


图 3-57 日产液曲线对比

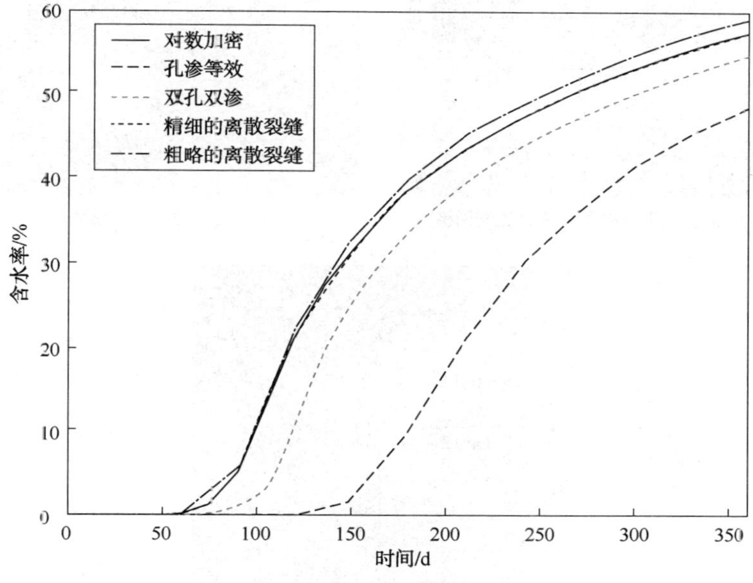


图 3-58 含水率曲线对比

为了更严格地验证非结构化网格传导率的算法以及基于传导率的离散裂缝模型的可靠性，将裂缝的孔隙度和渗透率设置为基质的属性，模型为均质模型，不同模型间仅存在网格的差异(见图 3-59 和图 3-60)。

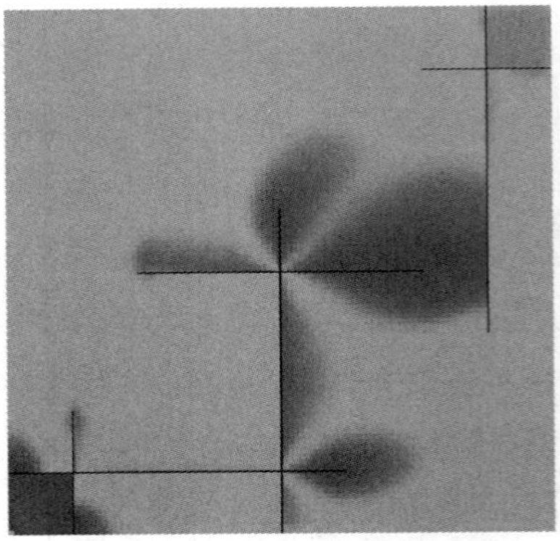

(a)近裂缝对数加密正交网格模型

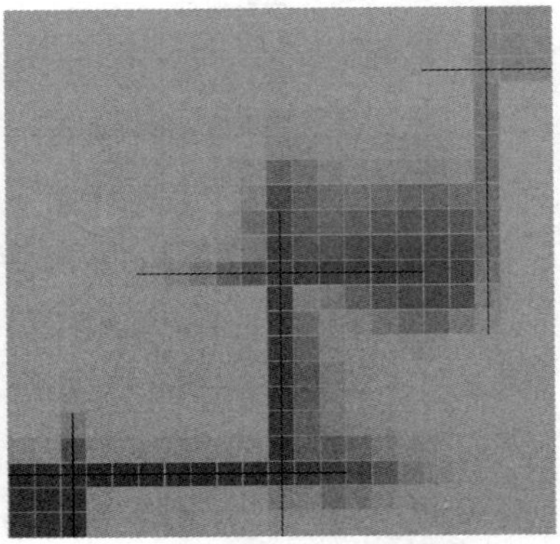

(b)等效裂缝网格模型

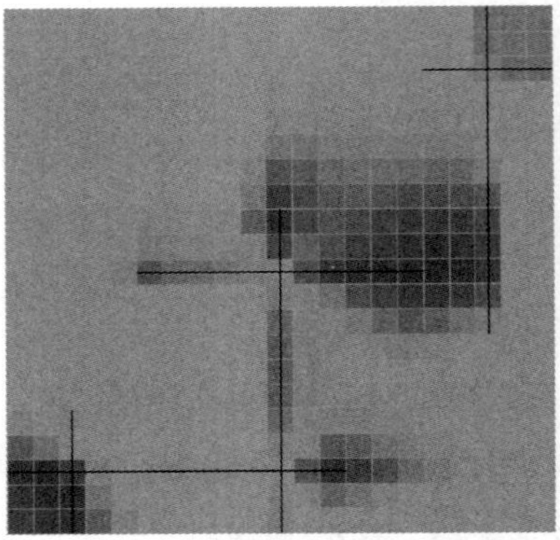

(c)双孔双渗网格模型(考虑正交网格)

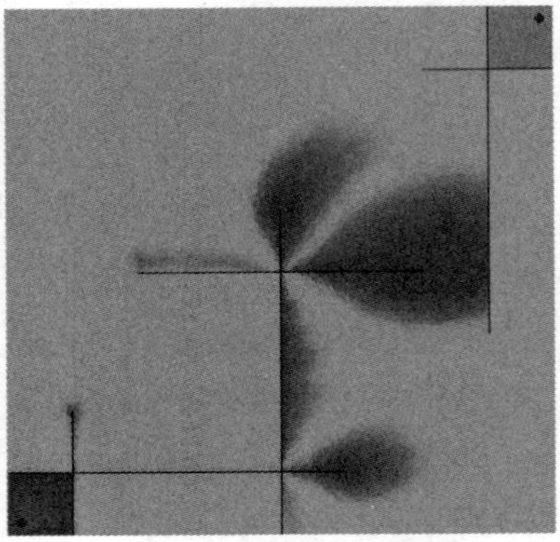

(d)精细三角形网格模型

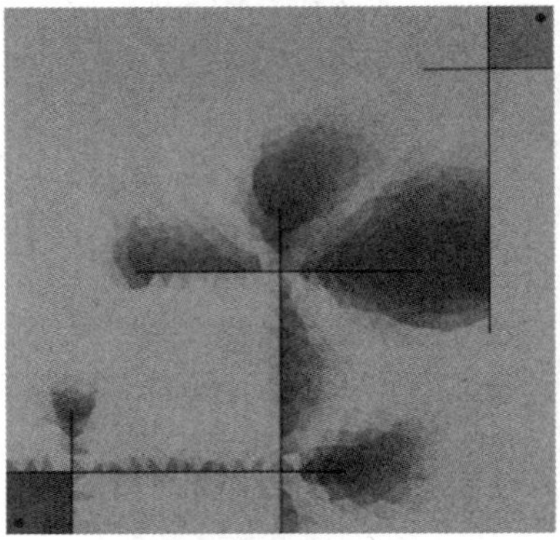

(e)粗略三角形网格模型

图 3-59　不同模型第 1000 天饱和度场对比

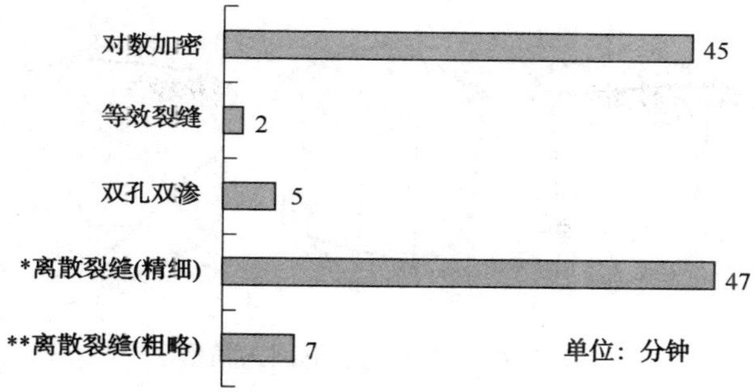


图 3-60 计算时间消耗对比

# 第四节 嵌入式离散裂缝模型

现有的离散裂缝数值模型都是基于匹配型网格，即将裂缝作为内边界并以此为约束面进行网格剖分。由于裂缝几何形态的复杂性，需采用非结构化网格技术，其剖分过程非常复杂和烦琐，尤其当裂缝间距离或夹角较小时，常常因非结构化网格质量（正交性和均匀性）较差导致计算困难。

嵌入式离散裂缝模型（Embedded Discrete Fracture Model，EDFM）最早由 Li 和 Lee 于 2006 年提出，并经过 Moinfar 等人发展并完善。该方法提出的初衷是为寻找一种既可以显式模拟裂缝的几何形态，又能够克服网格拓扑结构约束的方法，以解决基于非结构化网格的离散裂缝模型方法的实用性问题。

不同于离散裂缝模型方法，嵌入式离散裂缝模型的裂缝网格不需要在储层网格上生成，因此嵌入式离散裂缝模型并不会出现网格剖分技术问题，虽然仍然需要计算裂缝与网格之间的几何信息，但相对于复杂的非结构化网格剖分过程，其建模复杂度大大降低，近年来得到了广泛的应用。

## 一、嵌入式离散裂缝表征

嵌入式离散裂缝模型将裂缝表征为嵌入至多面体网格中的二维四边形网格单元（见图 3-61），该多面体网格用于模拟基质岩石场，又称为背景网格。由此可见，嵌入式离散裂缝模型借鉴了多重介质方法的概念，即通过两套叠加的场来分别描述基质和裂缝。但不同的是，嵌入式离散裂缝模型中的裂缝与基质岩石并非构成一个连续体，而是由一条条相互独立的虚拟裂缝片组成的离散场。

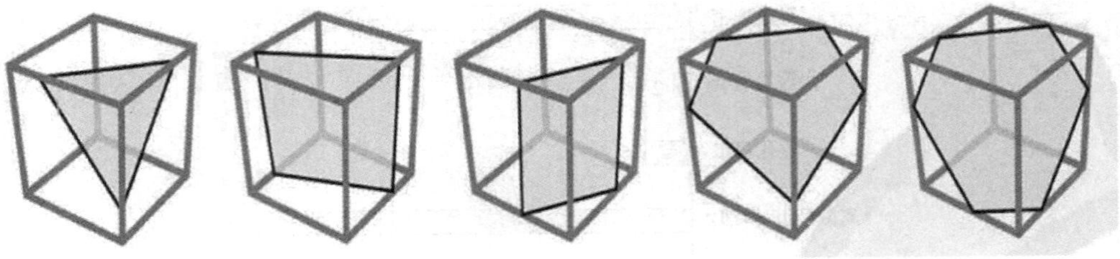

图 3-61 不同的裂缝嵌入情形

由于基质网格仍沿用地质模型的正交网格和角点网格等结构网格，嵌入式离散裂缝模型划分网格时不需要考虑油藏内的裂缝形态，只需对基岩系统进行简单的网格剖分，就可以处理复杂的裂缝网络，并大大降低网格划分的复杂度，从而能够提高计算效率。并且该模型可以将现有成熟的油藏数值模拟技术和离散裂缝网络模型有机结合，能精细地模拟流体在裂缝性油气藏中的流动。

嵌入式离散裂缝模型的求解采用模拟有限差分法，该方法基于单个网格的节点和面信息构造数值计算格式，理论上适用于任何复杂网格系统，且具有良好的局部守恒性，将其推广到嵌入式离散裂缝模型后，克服了该模型基于有限差分法求解时不能有效处理全张量形式的渗透率，以及不适用于复杂边界形状裂缝性油气藏的局限性。

然而，由于裂缝与基质间的流体交换采用解析方法算得，嵌入式离散裂缝模型同样面临着与双重介质模型类似的局限性，即模型精度与实际流动情形或裂缝局部边界条件有关，在某些情形下可能会有较大的误差。图 3-62 所示为离散裂缝模型与嵌入式离散裂缝模型的对比。

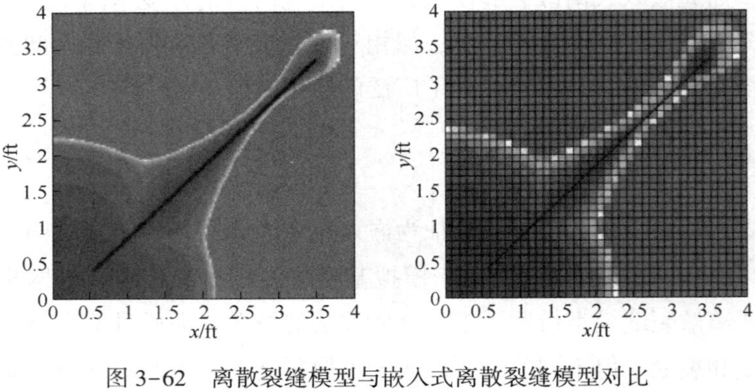


图 3-62 离散裂缝模型与嵌入式离散裂缝模型对比

## 二、非相邻连接与传导率

由于在原始模型的背景网格中，裂缝和基质岩石的计算域不同，所以在流体质量平衡方程中，裂缝与基质间不存在物质交换。因此，需要建立额外的连接来模拟裂缝和基质之间的物质交换，这种额外的连接被称为非相邻连接(NNC)。

采用最广义的组分流动模型，来阐述 EDFM 方法的计算过程。在加入 NNC 后，式(3-8)可写为：

$$\frac{\partial[(x_iS_o\rho_o+y_iS_g\rho_g)\varphi]}{\partial t}-\nabla\cdot\left[x_i\frac{\rho_ok_{ro}}{\mu_o}K(\nabla p_o-\rho_og)+y_i\frac{\rho_gk_{rg}}{\mu_g}K(\nabla p_g-\rho_gg)\right]+q_i-q_i^{NNC}=0 \tag{3-77}$$

式中 $x_i$——组分 $i$ 在油相中的摩尔分数；

$y_i$——组分 $i$ 在气相中的摩尔分数；

$\mu_o$——油相的黏度；

$\mu_g$——气相的黏度；

$k_{ro}$——油相的相对渗透率；

$k_{rg}$——气相的相对渗透率；

$K$——绝对渗透率张量；

$q_i$——组分 $i$ 的质量流速；

$q_i^{NNC}$——组分 $i$ 通过 NNC 的质量流速。

质量流速项的计算方法与流动项的计算类似，可表述为：

$$q_i^{NNC}=\sum_{n=1}^{n_{NNC}}T_{NNC}\left[x_i\frac{\rho_ok_{ro}}{\mu_o}(\nabla p_o-\rho_og)+y_i\frac{\rho_gk_{rg}}{\mu_g}(\nabla p_g-\rho_gg)\right] \tag{3-78}$$

式中 $T_{NNC}$——非相邻连接传导率项。

嵌入式离散裂缝建模的一个关键步骤就是计算 NNC 传导率。嵌入式离散裂缝模型中，共需要三种类型的 NNC(见图 3-63)，对于不同类型的 NNC，传导率的计算方法是不同的。

1. 裂缝单元与相邻背景网格块之间的 NNC

对于第一类 NNC，传导率计算公式为：

$$T_{NNC}=\frac{K_{NNC}A_{NNC}}{d_{NNC}} \tag{3-79}$$

式中 $A_{NNC}$——等效面积；

$d_{NNC}$——等效距离。

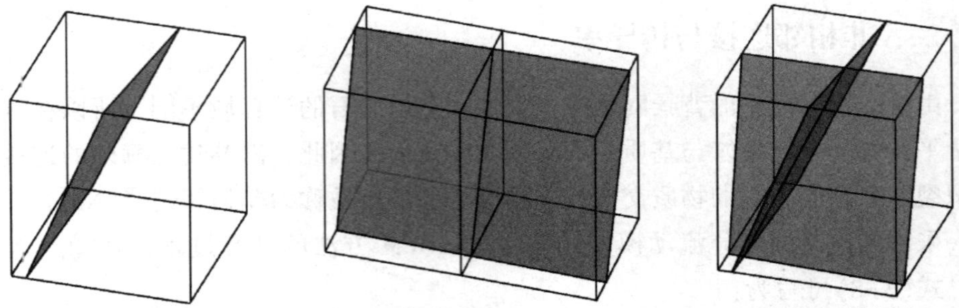

(a)裂缝单元与相邻背景网格块之间的NNC　(b)单裂缝的两个单元间的NNC　(c)两个相交裂缝间的NNC

图 3-63　三种类型的 NNC 示意图

这两个参数可以被理解为两个通过 NNC 连接的控制体的流动特征参数。

对于第一类 NNC，$A_{NNC}$实际上是裂缝与背景网格的相交面积，$K_{NNC}$为裂缝与基质渗透率的调和平均。假设压力沿裂缝的法向线性变化，$d_{NNC}$可按式(3-80)计算：

$$d_{NNC}=\frac{\int_V d\mathrm{d}v}{V} \tag{3-80}$$

式中　$V$——网格的控制体积。

在编写计算代码时，式(3-80)的体积可以转化为 6 个四棱锥到多边形的距离的加权平均，每个四棱锥的底分别是六面体的一个面，四棱锥的顶点都是多边形上的同一点，为了方便，就取多边形的第一个顶点。如图 3-64 所示，六面体到多边形 KLMN 的平均距离等于：

$$\frac{(d\cdot V)_{K-ABCD}+(d\cdot V)_{K-EFGH}+(d\cdot V)_{K-AEHD}+(d\cdot V)_{K-BCGF}+(d\cdot V)_{K-ABFE}+(d\cdot V)_{K-CDHG}}{V_{K-ABCD}+V_{K-EFGH}+V_{K-AEHD}+V_{K-BCGF}+V_{K-ABFE}+V_{K-CDHG}} \tag{3-81}$$

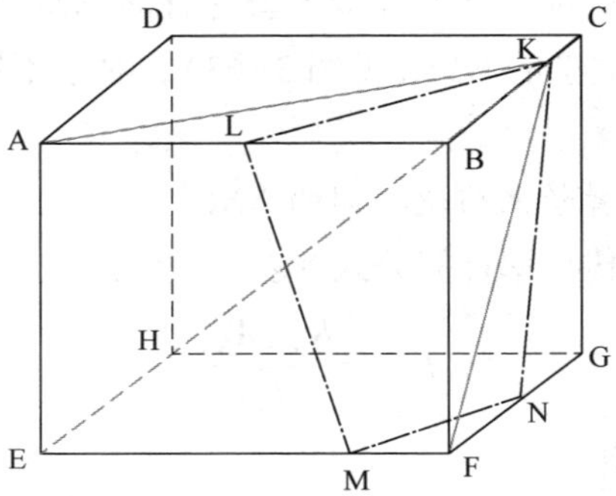


图 3-64　计算基质网格到多边形 KLMN 的距离 $\bar{d}$

其中，$(d\cdot V)_{\text{K-xxxx}}$表示“四棱锥 K-xxxx 到多边形的距离乘以四棱锥 K-xxxx 的体积”，K 是四棱锥的顶点，“xxxx”指代四棱锥的底面。当四棱锥的底面在多边形同侧时(如 K-AEHD)，$d$ 就等于四棱锥的质心到多边形的距离，而四棱锥的质心在四棱锥的中轴线距顶点 3/4 的地方；当四棱锥的底面被多边形的某条边分割时(如 K-ABFE、ABFE 被 LM 分割)，$d$ 等于两个棱锥(K-ALME、K-LBFM)到多边形的距离的加权平均。

值得一提的是，图 3-64 中，K-ABCD，K-BCGF 的 $d$ 均为 0，体积也均为 0，这与四棱锥的顶点 K 的选取有关，但无论怎么选择顶点，只要 K 在多边形上，式(3-81)的值是不变的。

2. 单裂缝的两个单元间 NNC

对于第二类 NNC，传导率可根据调和平均方法计算：

$$T_{\text{NNC}}=\frac{T_1T_2}{T_1+T_2} \tag{3-82}$$

式中 $T_1$——裂缝 1 的传导率；

$T_2$——裂缝 2 的传导率。可通过式(3-83)计算：

$$T_i=\frac{K_{fi}w_{fi}L_{\text{int}}}{d_{fi}} \tag{3-83}$$

式中 $L_{\text{int}}$——两条裂缝的相交线长度；

$w_{fi}$——裂缝开度；

$K_{fi}$——裂缝渗透率；

$d_{fi}$——裂缝中心与交线的距离。

3. 两个相交裂缝间的 NNC

对于第三类 NNC，传导率可直接通过公式计算，仅需将 $d_n$ 替换为两个裂缝段的体心距离。

NNC 传导率的计算包括“基质网格-交面”、裂缝内的多边形、裂缝与裂缝之间的多边形的传导率时，采用 Moinfar 等的方法。这些传导率都是两点格式的传导率，是用于离散后流动方程的传导率，用符号 $T$ 表示，任意两个单元之间的流量都可以写为 $\lambda\cdot T\cdot(p_1-p_2)$，其中 $\lambda$ 为流度，$T$ 的单位是“长度×渗透率”。多边形与多边形的传导率按二维网格的差分格式计算，基质网格(六面体)与多边形的传导率无法按常规方法计算，因为多边形是嵌入在六面体内。具体来说，基质网格与多边形的传导率等于：

$$T_{mf}=\frac{A}{\bar{d}}k_m \tag{3-84}$$

式中 $A$——多边形的面积；

$k_m$——基质渗透率；

$\bar{d}$——基质网格到多边形的距离。

如果基质渗透率是张量，则传导率等于：

$$T_{mf}=\frac{A}{\bar{d}}(\vec{n}_{\mathrm{A}}\cdot\boldsymbol{K}_m\cdot\vec{n}_{\mathrm{A}}) \tag{3-85}$$

式中 $\vec{n}_{\mathrm{A}}$——多边形的单位法向量；

$\boldsymbol{K}_m$——渗透率张量，写为3×3的对称矩阵。

在EDFM的代码实现中，与EDFM有关的搜索、离散和传导率计算都被整合到了模拟器内部。模拟器首先完成裂缝多边形生成，然后追加网格数量，并在基质网格的连接之后追加有关裂缝的连接。

如果井与嵌入式裂缝直接相连，则需要计算井与多边形的井指数，推导过程如下。

如图3-65所示，设井从多边形 $i$ 穿过，用 $j$ 表示多边形 $i$ 周围的某个多边形，设裂缝沿翼展方向的渗透率为 $k_x$、沿上下方向的渗透率为 $k_y$。由Peaceman的各向异性径向流公式，流入井的流量可以表达为：

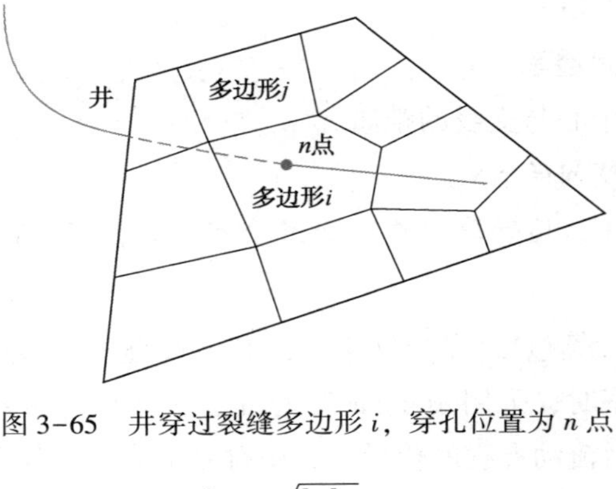


图3-65 井穿过裂缝多边形 $i$，穿孔位置为 $n$ 点

$$q_n=\frac{2\pi\omega\sqrt{k_xk_y}}{\mu B\ln\left(\frac{L_{nj}}{r_w}\right)}(p_j-p_w) \tag{3-86}$$

式中 $p_w$——井的压力；

$\omega$——裂缝开度；

$B$——体积系数；

$\mu$——黏度；

$r_w$——井半径；

$L_{nj} \approx \dfrac{2\left[\left(\dfrac{k_y}{k_x}\right)^{\frac{1}{2}} x_{nj}^2 + \left(\dfrac{k_x}{k_y}\right)^{\frac{1}{2}} y_{nj}^2\right]^{\frac{1}{2}}}{\left(\dfrac{k_y}{k_x}\right)^{\frac{1}{4}} + \left(\dfrac{k_x}{k_y}\right)^{\frac{1}{4}}}$，$(x_{nj},\ y_{nj})$——连接穿孔位置 $n$ 与多边形 $j$ 的形心的向量。约等号右侧是 $L_{nj}$的近似公式，在$\dfrac{k_x}{k_y} \in (0.1,\ 10)$的范围内，公式的误差是非常小的。

接下来设法消去$p_j$，根据 Palagi 和 Aziz 提出的多边形汇流公式，流入井的流量等于多边形 $i$ 周围各多边形流入 $i$ 的总流量：

$$q_n = \sum_j \frac{T_{ij}}{\mu B}(p_j - p_i) = \sum_j \frac{T_{ij}}{\mu B}(p_j - p_w) - \sum_j \frac{T_{ij}}{\mu B}(p_i - p_w) \tag{3-87}$$

其中，$T_{ij}$为多边形 $i$、$j$ 之间的传导率系数(单位是长度×渗透率)。消去 $p_j$，得到只关于 $q_n$、$p_w$ 和 $p_i$ 的表达式：

$$q_n = q_n \sum_j \frac{T_{ij} \ln\left(\dfrac{L_{nj}}{r_w}\right)}{2\pi\omega\sqrt{k_x k_y}} - \sum_j \frac{T_{ij}}{\mu B}(p_i - p_w) \tag{3-88}$$

或者写为：

$$\begin{aligned} q_n &= \frac{2\pi\omega\sqrt{k_x k_y}\,(p_i - p_w)}{\mu B\left(\sum\limits_j T_{ij}\ln(L_{nj}/r_w) - 2\pi\omega\sqrt{k_x k_y}\right)/\sum\limits_j T_{ij}} \\ &= \frac{2\pi\omega\sqrt{k_x k_y}\,(p_i - p_w)}{\mu B\left[\left(\sum\limits_j T_{ij}\ln(L_{nj}) - 2\pi\omega\sqrt{k_x k_y}\right)/\sum\limits_j T_{ij} - \ln(r_w)\right]} \end{aligned} \tag{3-89}$$

将式(3-89)与井指数的定义$q_n = \dfrac{WI}{\mu B}(p_i - p_w)$进行对比，井指数的表达式为：

$$WI = \frac{2\pi\omega\sqrt{k_x\, k_y}}{\dfrac{\left(\sum\limits_j T_{ij}\ln L_{nj} - 2\pi\omega\sqrt{k_x\, k_y}\right)}{\sum\limits_j T_{ij}} - \ln r_w} \tag{3-90}$$

可见，井与裂缝多边形的井指数不仅与多边形本身有关，还与多边形周围一圈多边形有关，因为 $T_{ij}$、$L_{nj}$同时与多边形 $i$ 和多边形 $j$ 有关。

## 三、建模步骤

EDFM 中，原始裂缝片一般为四边形等多边形。裂缝单元与背景网格相交，会切割出多个二维多边形裂缝片。一个模型中通常有多个裂缝，每个裂缝都会被离散为一系列裂缝片。所有裂缝的裂缝片构成了一套网格系统，称为“裂缝网格”，它是非结构化网格，即不能用($i$，$j$，$k$)编号。但 EDFM 通常配合角点网格使用，角点网格的规范性结构使得 EDFM 在遍历网格的相交关系时，可以高效地完成背景网格定位。

如图 3-66 所示，在角点网格系统下，EDFM 的网格剖分、传导率计算步骤如下。

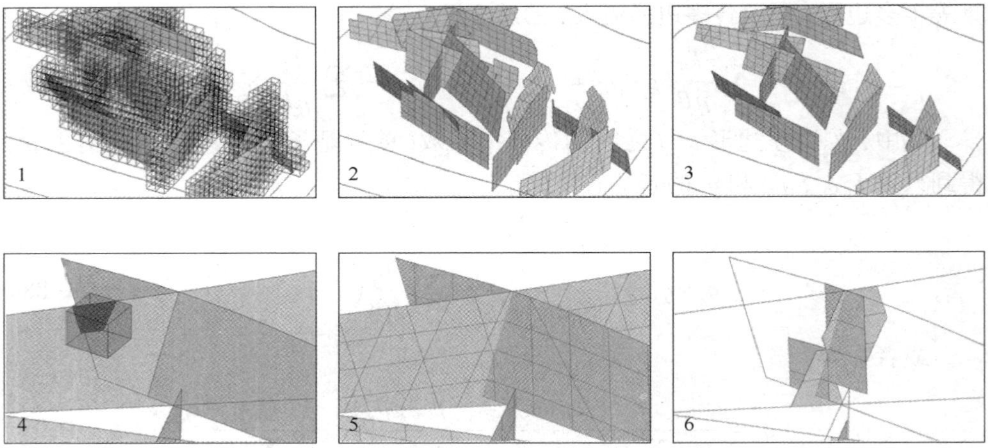


图 3-66　EDFM 流程

(1) 筛选所有与裂缝相交的基质网格，只要裂缝与基质网格的某条棱有交点，则裂缝与该基质网格相交。

(2) 生成裂缝与基质网格的交面，交面是二维任意多边形，即裂缝片。

(3) 根据裂缝轮廓剪裁交面，将位于网格外的裂缝片视为无效裂缝片，不参与流动计算。

(4) 计算基质网格与裂缝片之间的 1 型 NNC 传导率。

(5) 搜索裂缝与裂缝的连接，首先求出裂缝与裂缝的交线，然后计算共享交线裂缝片之间的 2 型 NNC 传导率。当裂缝的尺寸大于基质网格时，基质网格与裂缝的交面小于裂缝，裂缝最终被离散为多个裂缝片。

（6）检测同一裂缝内多边形的连通性，计算3型NNC传导率。

## 第五节　多尺度离散裂缝模型

不同尺度的裂缝，对储层流体流动的影响与作用不同，在进行建模和数值模拟时需要加以区分与处理。通常，按照裂缝开度或长度将裂缝分为小、中和大3个类别。一般而言，中、小尺度裂缝更适合用等效介质模型(如双孔双渗模型)进行模拟，而大尺度裂缝则更适合用离散裂缝模型进行模拟(见表3-7)。

**表3-7　等效介质模型与离散裂缝模型适用情况**

| 模型 | 裂缝规模 | 裂缝密度 | 裂缝连通性 | 裂缝类型 | 可靠性 |
|---|---|---|---|---|---|
| 等效介质模型 | 中、小 | 高 | 强 | 天然裂缝 | 随机性 |
| 离散裂缝模型 | 大 | 低 | 弱 | 人工裂缝 | 确定性 |

图3-67所示为两套截然不同的离散裂缝网络系统，不难判断图3-67(a)裂缝系统适合用等效介质模型进行数值模拟计算，图3-67(b)裂缝系统则更适用于离散裂缝模型。

(a)适合用等效介质模型模拟的缝网

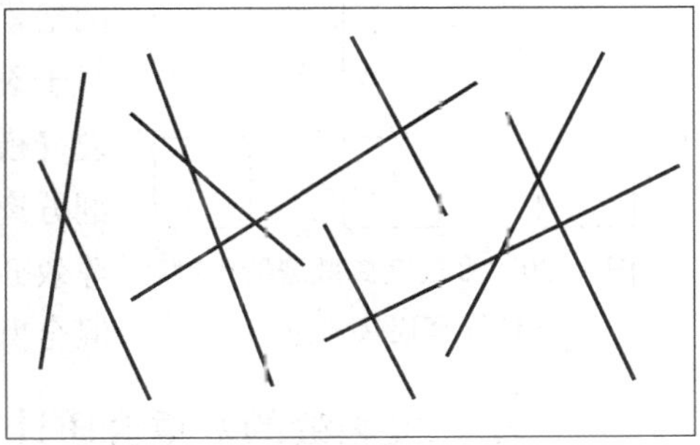

(b)适合用离散裂缝模型模拟的缝网

图3-67　两套离散裂缝网络系统

然而，实际裂缝性储层并不像图3-67所示那样非黑即白，而是多级别裂缝共存的状态，如图3-68所示。这时，无论采用等效介质模型还是离散裂缝模型，都无法在计算效率与精度上达到理想的平衡。

基于此，本节介绍一种针对多尺度裂缝系统的离散裂缝网络建模方法，针对不同类型裂缝系统，用快速等效连续介质模型模拟小尺度、低置信度、连通性强

图 3-68　真实裂缝性储层离散裂缝网络示意图

的裂缝网络系统，用高精度离散裂缝模型模拟大尺度、高置信度、连通性差的裂缝网络系统，有效解决了不同类型裂缝网络系统的置信度与模拟计算精度之间的矛盾。

方法流程分为以下几个步骤：

（1）根据裂缝的属性，将其分为确定性离散裂缝网络及随机性离散裂缝网络；

（2）由确定性离散裂缝网络，构建离散裂缝模型，以此作为粗网格系统；

（3）将随机性离散裂缝网络等效到(2)中粗网格模型中，等效的方法根据实际情况而定：对于裂缝密度较低的模型，可以采用基于离散裂缝模型的粗化方法；对于裂缝密度高、难以剖分离散裂缝非结构化网格的情形，采用传统等效介质模型建模方法。最终建立了三孔三渗混合网格模型(见图 3-69)。

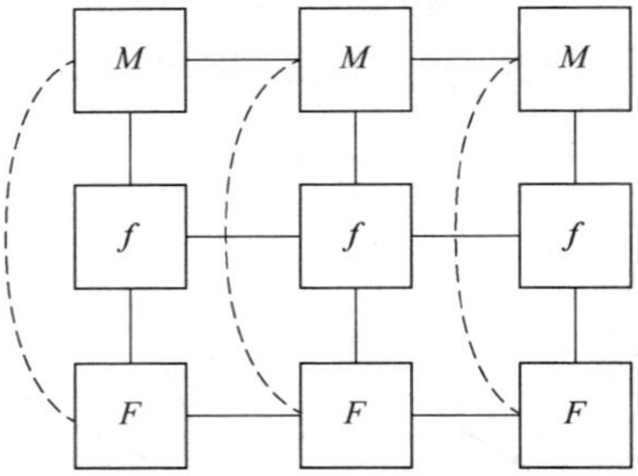


图 3-69　多尺度离散裂缝模型传导率连接关系

## 一、小尺度裂缝的双重介质计算处理

对于沟通性良好的网状缝或者微细裂缝，可采用建立等效双孔双渗模型的方法进行处理。

根据多重介质渗流理论，若油藏的储渗空间可划分为 $N$ 种连续介质，则油藏的渗流特征可采用 $N$ 重介质渗流模型来描述。其渗流微分方程为：

$$\frac{\partial(\rho_i\varphi_j)}{\partial t}=\nabla\cdot\frac{k_j}{\mu_i}(\nabla p_i+\rho_i g)+\sum_{j=1,\ i\neq j}^{N}\tau_{ji}=q_i \tag{3-91}$$

其中，$i$，$j$ 为不同介质，$i$，$j=1$，…，$N$。式(3-91)所描述的流动过程既包括同种介质内部的渗流，又包括不同介质间的窜流。$\tau_{ji}$为由介质$j$流入介质$i$的窜流量，窜流项是区分多重介质渗流模型的重要标志。由于式(3-91)中的窜流量不能反映窜流过程中流体流动的方向性，它是一个标量，因此多重介质渗流模型只适用于单元体内窜流的方向性不明显的油藏。对于窜流量方向性比较明显的油藏，采用多重介质模型来描述其渗流特征并不合理。按连续介质的特征尺度理论，在特征尺度内所有的渗流参数都是常数，因此总可以在特征尺度内划分出更小的微元。如果特征尺度内的介质可以由这些微元通过周期排列方式构成，则称这些微元为单元体。例如，裂缝基质双重介质模型中的一个岩块和周围的裂缝就可以构成一个单元体。

总的来说，建立等效双控双渗模型的过程主要是计算等效双孔双渗模型参数(裂缝孔隙度$\varphi_f$、裂缝等效渗透率$k_f$、形状因子$\sigma$)的过程：

(1) 计算网格裂缝孔隙度

$$\varphi_f=\frac{V_f}{V_{\text{cell}}}=\frac{\sum(A_f e)}{V_{\text{cell}}}=P_{32}e \tag{3-92}$$

式中 $\varphi_f$——裂缝孔隙度；

$V_f$——裂缝系统体积；

$V_{\text{cell}}$——网格体积；

$A_f$——裂缝面积；

$e$——裂缝开度；

$P_{32}$——裂缝面密度。

(2) 计算网格裂缝渗透率

$$k_{ij}^{c}=\lambda(P_{kk}\delta_{ij}-P_{ij}) \tag{3-93}$$

其中

$$P_{ij}=\frac{\tau\rho}{4}\int_0^{\infty}\int_0^{\infty}\int_{\Omega}r^2t^3n_in_jE(n,\ r,\ t)\,\mathrm{d}\Omega\mathrm{d}r\mathrm{d}t \tag{3-94}$$

$$P_{kk}=P_{11}+P_{22}+P_{33} \tag{3-95}$$

$$F_{ij}=\frac{1}{V}\sum_{k=1}^{N}(A_kT_kn_{ik}n_{jk}) \tag{3-96}$$

$$k_{ij}=\frac{1}{12}(F_{kk}\delta_{ij}-F_{ij}) \tag{3-97}$$

(3) 计算形状因子

由 Kazemi 计算形状因子公式：

$$\sigma = 4\left(\frac{1}{L_x^2}+\frac{1}{L_y^2}+\frac{1}{L_z^2}\right) \tag{3-98}$$

我们的目标是计算统计每个网格的平均裂缝间距$L_x$、$L_y$和$L_z$，这里介绍两种最常见的计算方法。

方法 1：假想线测量方法。

该方法通过在网格中心点设立假想的 $x$、$y$、$z$ 三根测量轴(见图 3-70)，统计与之相交的裂缝数量，从而得到平均裂缝间距$L_x$、$L_y$和$L_z$。

方法 2：等效裂缝间距方法。

该方法在网格局部取一些虚拟点，并统计这些点与裂缝的距离，画出累积分布函数曲线(见图 3-71)。然后可通过最小二乘法寻求最优的$L_x$、$L_y$和$L_z$，使等效双孔双渗模型的统计结果与真实累积分布函数曲线差别最小。

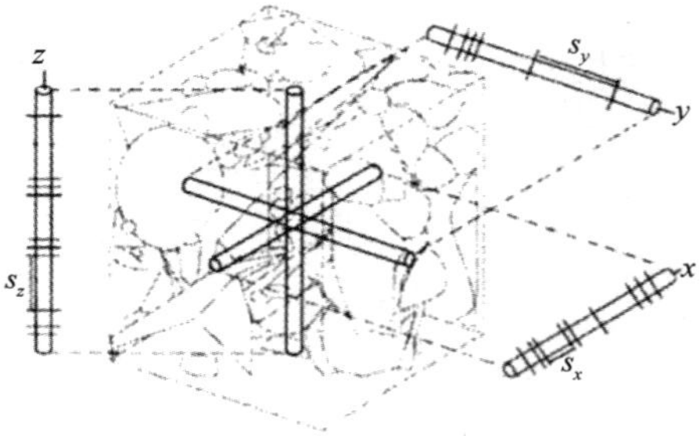


图 3-70 假想线测量方法计算形状因子

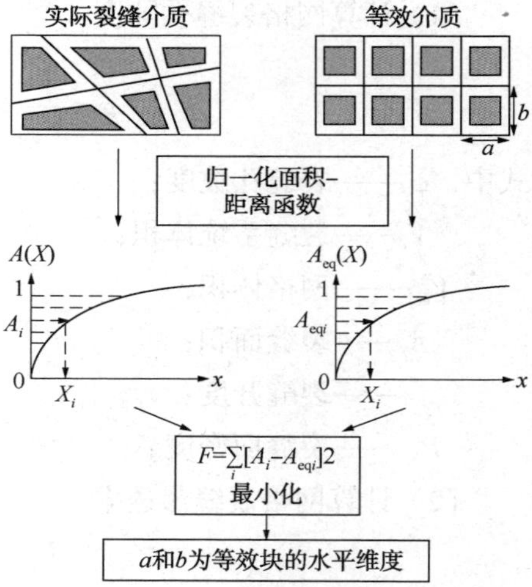


图 3-71 等效裂缝间距方法计算形状因子流程

## 二、大尺度裂缝的离散处理

构造裂缝或压裂裂缝等大尺度裂缝，利用离散裂缝模型进行模拟，关键之一是确定其渗透率或导流系数。

由于裂缝的开度远小于其长度和高度，可采用无限平板中的流体流动模型(见图 3-72)来确定裂缝的渗透率。设裂缝的开度为 $d$，高度则根据采用无限平板流的流体流动模型，有：

$$k=\frac{d^2}{12} \tag{3-99}$$

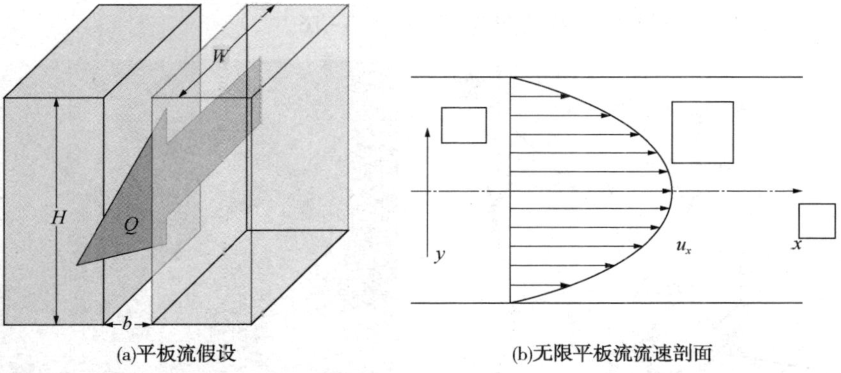


图 3-72 大尺度裂缝平板流假设及无限平板流流速剖面示意图

## 三、验证实例

图 3-73 所示为一个二维示意模型，用以说明多尺度离散裂缝数值模拟技术——混合网格模型使用的2000ft×2000ft 模型，离散裂缝网络分为两级系统：浅色裂缝为小裂缝系统，其密度高，裂缝开度为 $1\times10^{-5}$m，渗透率为 1000mD；深色裂缝为大裂缝系统，其开度为 $1\times10^{-2}$m，渗透率为$10^8$mD。模型共有两口井，左下角为注水井，右上角为产出井。

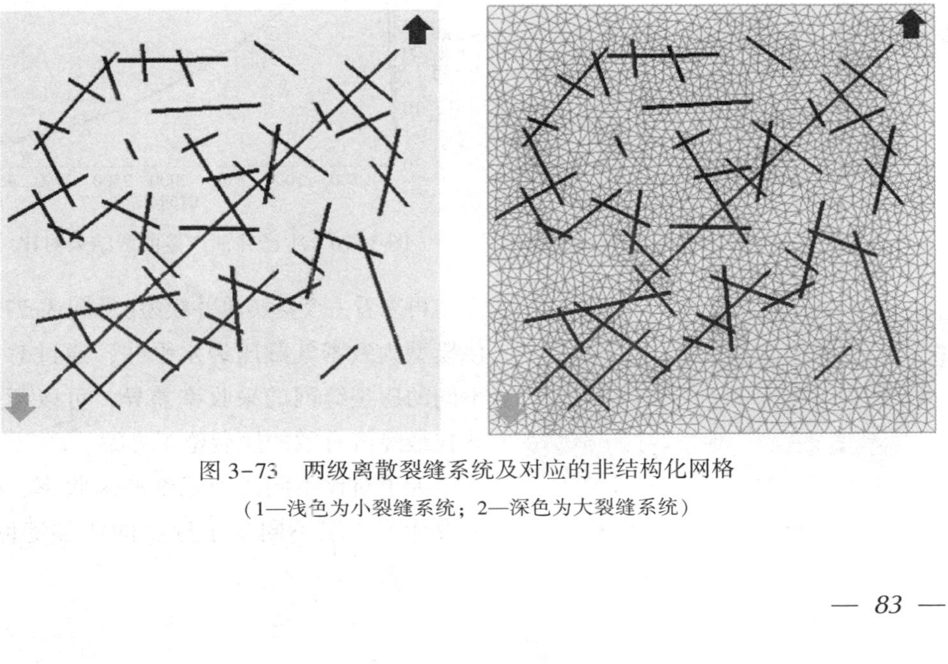

图 3-73 两级离散裂缝系统及对应的非结构化网格

（1—浅色为小裂缝系统；2—深色为大裂缝系统）

考虑将其等效为图 3-74 所示粗网格及对应的多尺度裂缝混合网格系统，其中深色代表大离散裂缝，基质为双重孔隙介质。图 3-74(b)中，同一颜色代表属于一个粗网格。数值模拟结果见图 3-75 和图 3-76。

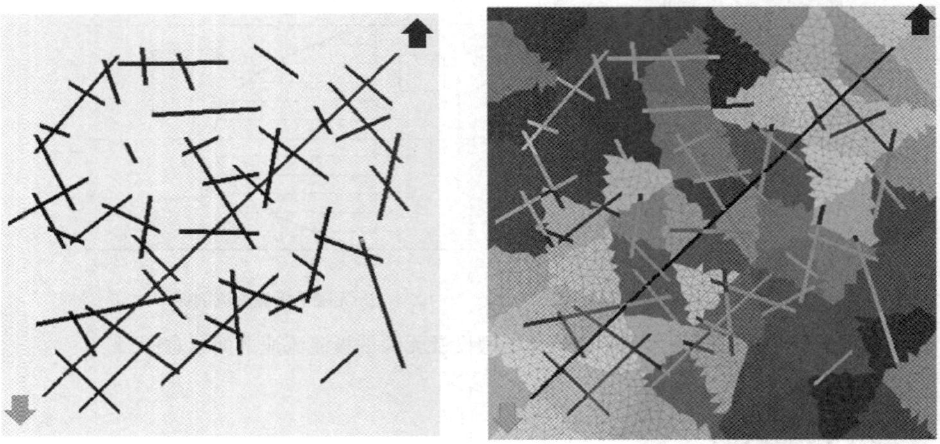

(a)两级离散裂缝系统　　(b)混合网格系统

图 3-74　两级离散裂缝系统及对应的混合网格模型

[图(b)中，同一颜色网格块为同一数值模拟网格]

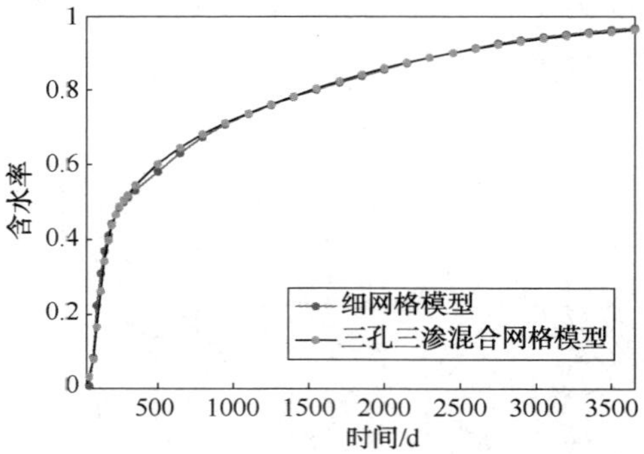


图 3-75　生产井含水率曲线结果对比

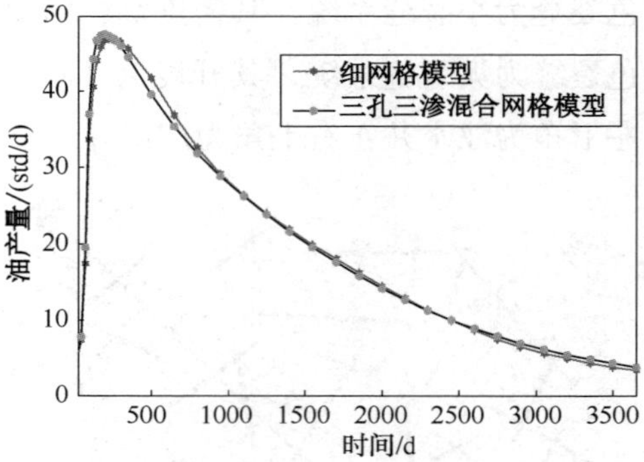


图 3-76　生产井油产量曲线结果对比

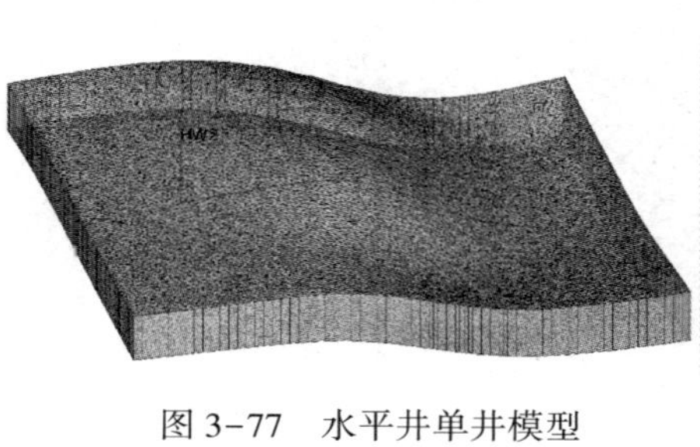

图 3-77　水平井单井模型

再来看一个真实单井模型(见图 3-77)，该模型为致密气藏压裂水平井，通过对比不同的压裂缝网的采收率差异，可以帮助寻找最经济有效的压裂施工方案。

为了对比不同压裂强度的采收率，模型设计了 3 组不同复杂程度的压裂缝网，如图 3-78 所示，其他相关参数如表 3-8 所示。

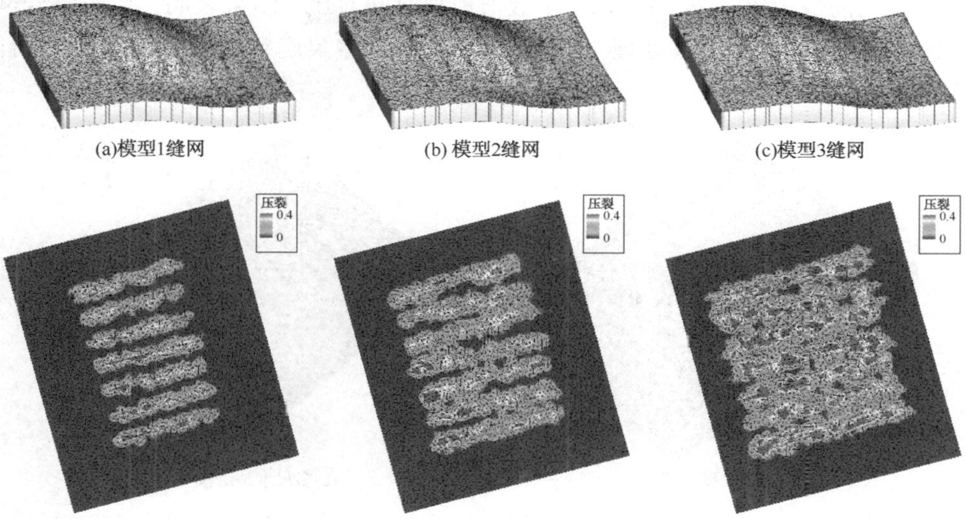


(a)模型1缝网　(b) 模型2缝网　(c)模型3缝网

(d) 模型1二级裂缝密度　(e) 模型2二级裂缝密度　(f) 模型3二级裂缝密度

图 3-78　3 组模型的压裂缝网及二级裂缝密度

**表 3-8　模型与数值模拟参数**

| 参　　数 | 值 |
|---|---|
| 模型尺寸 | 约 18000ft×16000ft×330ft |
| 压裂前离散裂缝模型网格数 | 17761 |
| 离散裂缝模型 1 网格数 | 21067 |
| 混合网格模型 1 网格数 | 7219 |
| 离散裂缝模型 2 网格数 | 24064 |
| 混合网格模型 2 网格数 | 7323 |
| 离散裂缝模型 3 网格数 | 28608 |
| 混合网格模型 3 网格数 | 7264 |
| 岩石压缩系数 | 3e-5/psi |
| 基质渗透率 | layer 1：1mD；layer 2：0. 3mD；layer 3：0. 1mD |
| 基质孔隙度 | layer 1：0. 2；layer 2：0. 1；layer 3：0. 05 |
| 一级裂缝渗透率 | 1e6mD |
| 二级裂缝渗透率 | 1e3mD |
| 一级裂缝孔隙度 | 1. 0 |
| 二级裂缝孔隙度 | 0. 5 |
| 一级裂缝开度 | 1e-3ft |
| 二级裂缝开度 | 1e-4ft |

模拟结果，压力场分布对比如图 3-79 所示，日产气量与累计产气量对比如图 3-80 所示。此外，表 3-9 列出了数值模拟时间对比。结果表明，由于混合网格模型对裂缝进行了分级处理，可以较大程度提高多尺度裂缝模型的数值模拟计算效率。

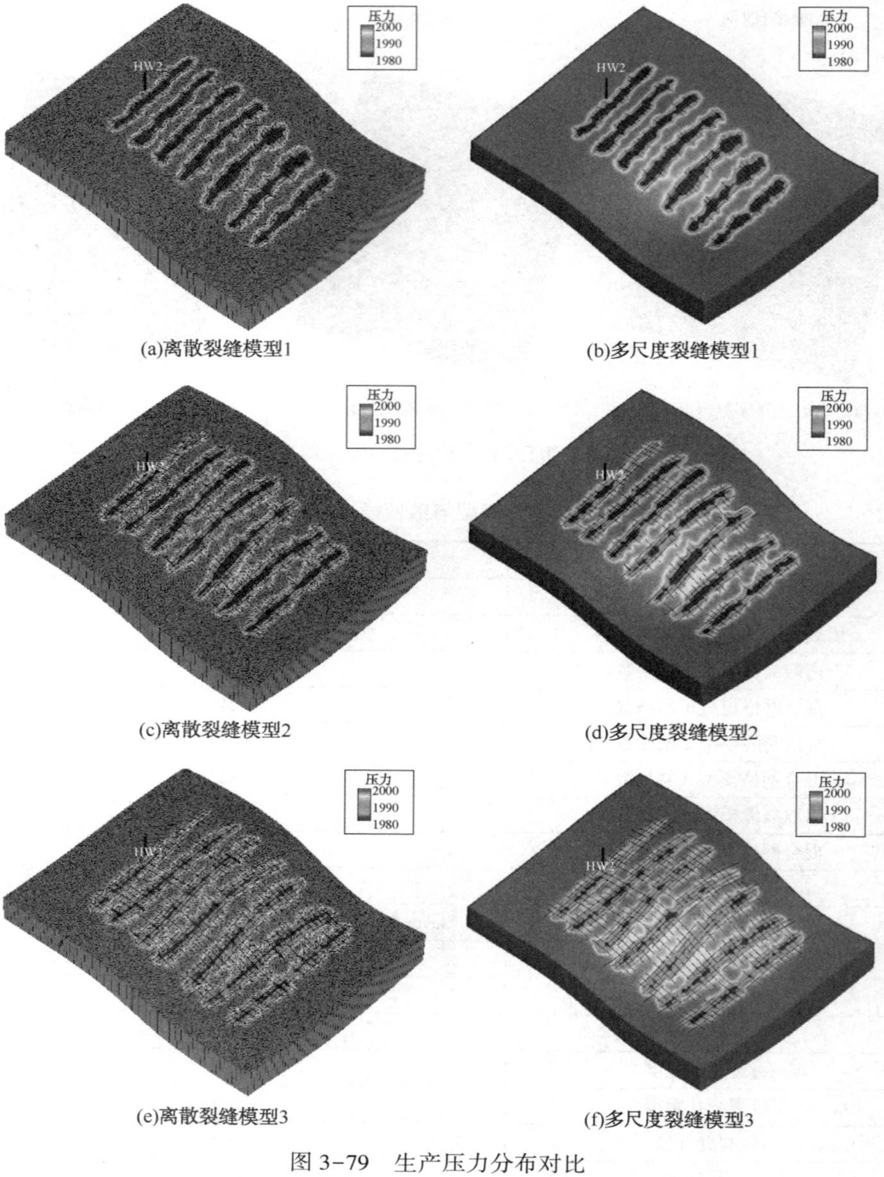


(a)离散裂缝模型1　(b)多尺度裂缝模型1

(c)离散裂缝模型2　(d)多尺度裂缝模型2

(e)离散裂缝模型3　(f)多尺度裂缝模型3

图 3-79　生产压力分布对比

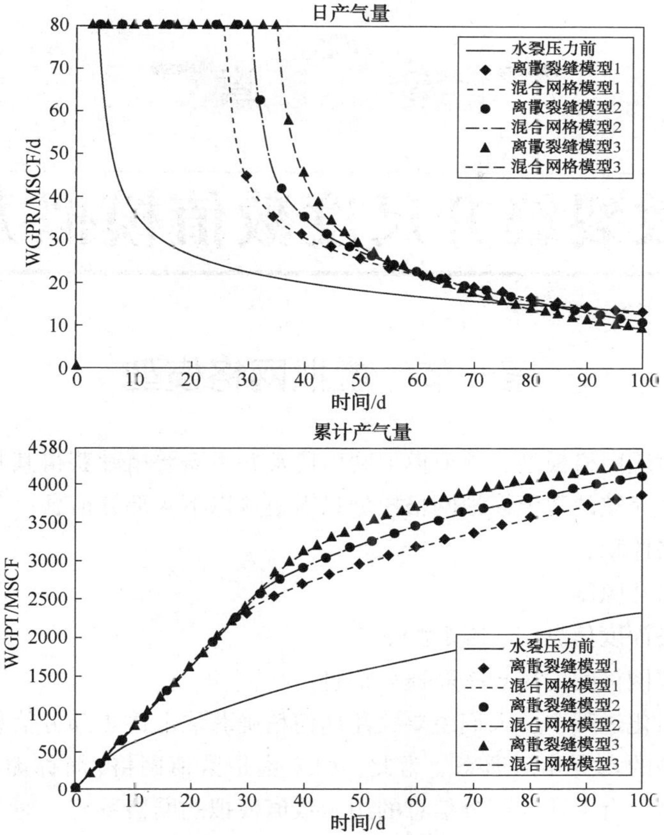


图 3-80 日产气量与累计产气量对比

**表 3-9 数值模拟时间对比**

| 模型 | 数值模拟时间/s |
| --- | --- |
| 离散裂缝模型 1 | 1245 |
| 混合网格模型 1 | 377 |
| 离散裂缝模型 2 | 1691 |
| 混合网格模型 2 | 501 |
| 离散裂缝模型 3 | 1770 |
| 混合网格模型 3 | 513 |

## 第四章

# 离散裂缝升尺度数值模拟方法

## 第一节 虚拟网格模型

不同于地质网格模型，数值模拟网格通常并不需要精确获得其几何信息。一般而言，一个完整的数值模拟网格模型只需包含以下 4 部分信息：

(1) 网格体积；

(2) 网格孔隙度；

(3) 网格深度信息(三维模型)；

(4) 相邻网格间的传导率联通表信息。

通常在粗化过程中，人们主要关注如何精确获取上述 4 部分信息，并不关心粗化网格模型的真实几何形态。为此，引入虚拟数值网格(简称虚拟网格)的概念，用于表示具有上述 4 部分信息的用于数值模拟的网格系统。对于一个细网格系统(记为集合 $F$)，对应虚拟粗网格系统为 $F$ 的一个划分 $C=\{S_1, S_2, S_3, \cdots, S_N\}$，其中 $C$ 的每个元素 $S_I$ 为一个粗网格，且有：

$$S_I \subseteq F,\ S_I \neq \varnothing \tag{4-1}$$

$$S_I \cap S_J = \varnothing,\ I \neq J \tag{4-2}$$

$$\bigcup_{I=1}^{N} S_I = F \tag{4-3}$$

为了使方法更加具有一般性，本书采用虚拟网格作为粗网格模型，其可以是一套真实的地质角点网格，也可以仅仅是一套逻辑网格(见图 4-1)。

粗网格的孔隙度、体积及深度信息分别采用下述公式获得：

$$V_I = \sum_{i \in S_I} V_i \tag{4-4}$$

$$\varphi_I = \frac{\sum_{i \in S_I} V_i \varphi_i}{V_I} \tag{4-5}$$

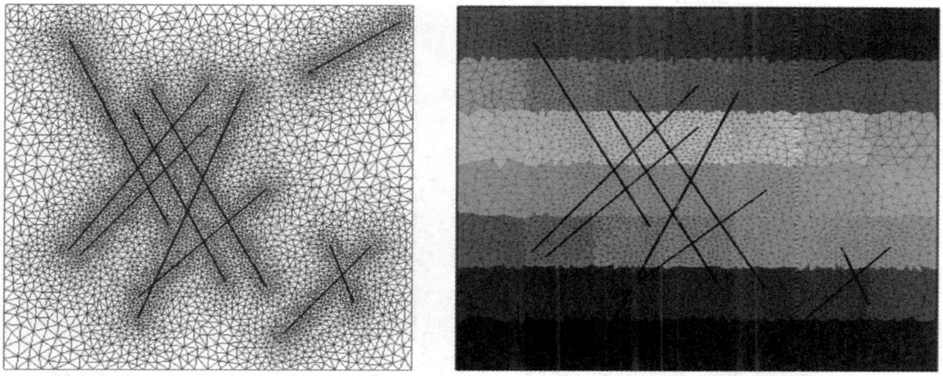

(a) DFM细网格模型　　(b) 虚拟粗网格模型(基质部分)

图 4-1　虚拟网格示意图

$$D_I = \frac{\sum_{i \in S_I} V_i D_i}{V_I} \tag{4-6}$$

式中　$V_i$——网格 $i$ 的体积；

$\varphi_i$——网格 $i$ 的孔隙度；

$D_i$——网格 $i$ 控制点的深度。

这里用下标大小写区分粗网格与细网格，大写字母表示粗网格编号，小写字母表示细网格编号。

如图 4-2 所示，由于目标粗网格模型是一个双孔双渗模型，因此粗网格模型区分为基质网格及裂缝网格，空间上在粗网格模型中为重叠关系，图中央由浅到深表示裂缝密度由小到大，周围浅色网格中没有裂缝。

## 第二节　基于流动的升尺度方法

基于流动模拟的粗化方法一般采用单相不可压稳态流动或者单相微可压拟稳态流动完成粗化流程。选择简单流动模型的理由是，传导率通常认为是一个“几何”的属性，只与网格渗透率和网格几何形状有关，而与流动模型无关。因此在粗化过程中，简单的流动模型可以提高粗化流程的计算效率。

由式(3-15)，单相不可压稳态流动及单相微可压拟稳态流动离散形式的控制方程分别如式(4-7)和式(4-8)所示：

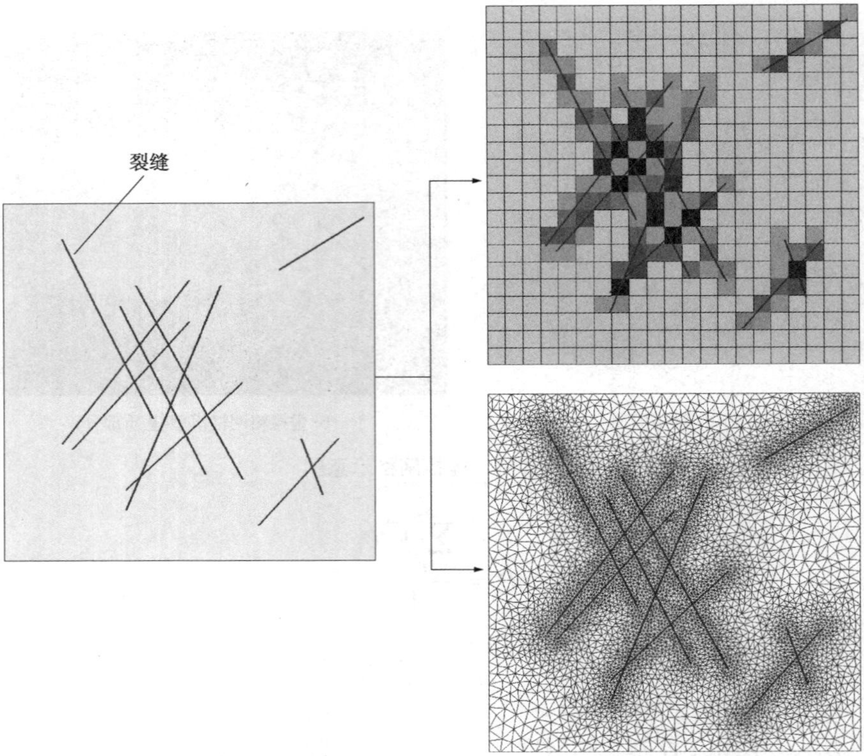


图 4-2　非结构化离散裂缝模型(细网格)及双孔双渗模型(粗网格)

$$0=\sum_{l}\lambda T_{li}(\Phi_l-\Phi_i)-q_i^w \tag{4-7}$$

$$V_i c=\sum_{l}\lambda T_{li}(\Phi_l-\Phi_i)-q_i^w \tag{4-8}$$

式中，$c$ 为一非零常量，其大小与最终压力场无关。其他变量含义同前。

方程的求解还需要加入适当边界条件(见图 4-3)，以下介绍几种常见的边界条件。

## 一、定压-无流边界条件

定压-无流边界条件类似于一维岩心实验，其假设在某个方向上边界与模型外部没有流量交换，在某个方向上边界处压力为定值(见图 4-4)。其数学表达式如下：

$$p(0,\ y_2)=1 \tag{4-9}$$

$$p(L_1,\ y_2)=0 \tag{4-10}$$

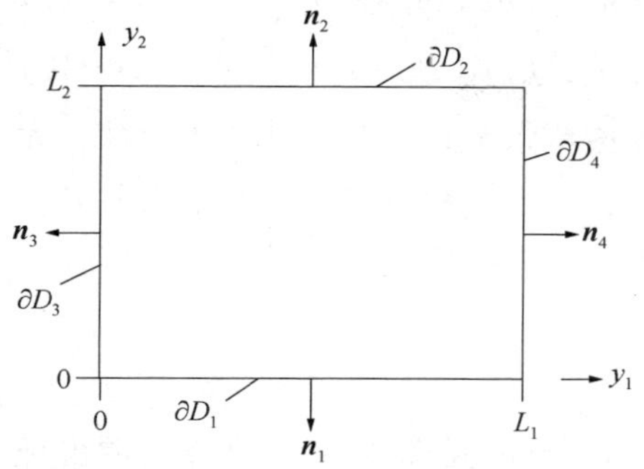


图 4-3　区域边界示意图

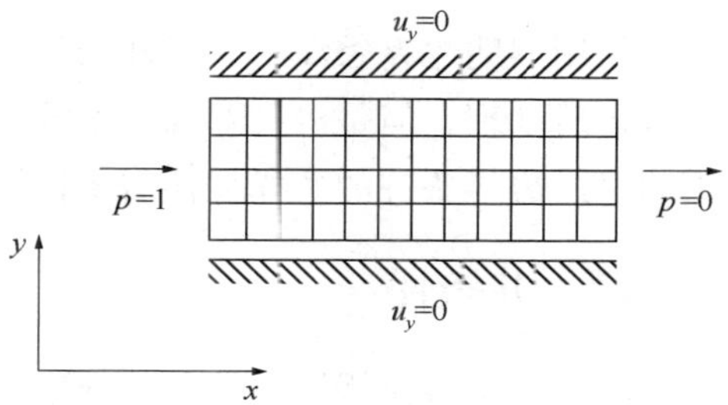


图 4-4　$x$ 方向定压-$y$ 方向无流边界条件

$$u(y_1,\ 0)\cdot \boldsymbol{n}_1=u(y_1,\ L_2)\cdot \boldsymbol{n}_2=0 \tag{4-11}$$

式中　$\boldsymbol{n}$——边界外法向量；

$u$——边界处流量速度。

定压-无流边界条件是最简单直观的边界条件，其缺点是粗化的渗透率张量一般不具有对称性及正定性。

## 二、线性边界条件

线性定压边界条件简称线性边界条件，是一种特殊的定压边界条件。与定压-无流边界条件相比，其在无流边界上压力大小呈线性分布。其数学表达式如下：

$$p(0,\ y_2)=1 \tag{4-12}$$

$$p(L_1,\ y_2)=0 \tag{4-13}$$

$$p(y_1,\ 0)=p(y_1,\ L_2)=1-y_1/L_1 \tag{4-14}$$

线性边界条件下的粗化渗透率张量具有对称性，然而一般不具有正定性。

## 三、周期边界条件

如图 4-5 所示，周期边界条件是将无穷多个相同尺度 $\varepsilon$ 的区域并排排列，构成尺度为 $L(\varepsilon/L\to 0)$ 的大区域。由于 $\varepsilon/L\to 0$，因此每个尺度 $\varepsilon$ 的区域流动情形都是相同的。其数学表达式如下：

$$p(y_1,\ 0)=p(y_1,\ L_2)-G_2L_2,\ (\partial D_1 \text{ 或 } \partial D_2) \tag{4-15}$$

$$p(0,\ y_2)=p(L_1,\ y_2)-G_1L_1,\ (\partial D_3 \text{ 或 } \partial D_4) \tag{4-16}$$

$$u(y_1,\ 0)\cdot \boldsymbol{n}_1=-u(y_1,\ L_2)\cdot \boldsymbol{n}_2,\ (\partial D_1\ 或\ \partial D_2) \tag{4-17}$$

$$u(0,\ y_2)\cdot \boldsymbol{n}_3=-u(L_1,\ y_2)\cdot \boldsymbol{n}_4,\ (\partial D_3\ 或\ \partial D_4) \tag{4-18}$$

使用周期边界条件的一个好处是粗化的渗透率张量具有对称性及正定性，无须进行后处理。但是也有部分文献的研究表明，以上几种边界条件的结果差异并不明显。边界条件的选择往往需要根据具体算例综合衡量来决定。

### 四、井条件

作为油藏渗流问题的一种特殊边界条件，井条件(见图 4-6)通常作为源汇项加入控制方程中。如式(4-7)和式(4-8)中$q_i^w$的项即是井的源汇项：

$$q_i^w=WI_i^w\cdot(p_i-p^w) \tag{4-19}$$

式中 $WI$——井指数。

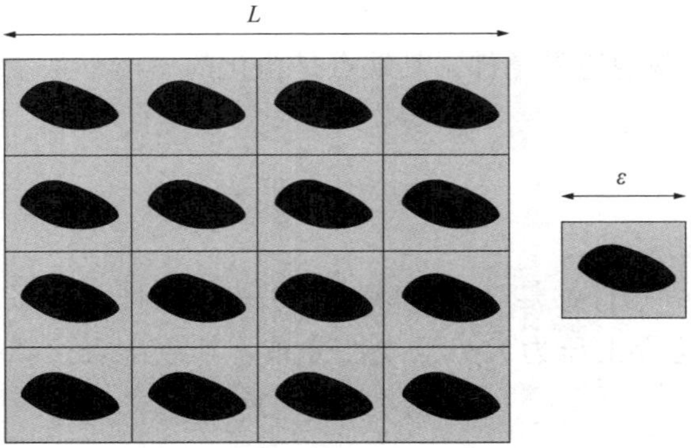


图 4-5 周期边界条件示意图

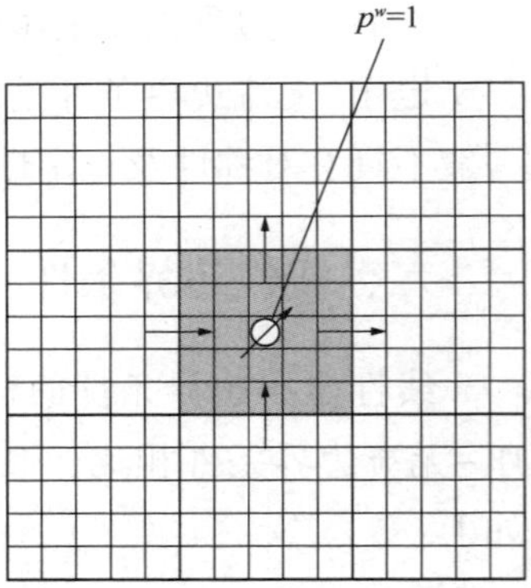


图 4-6 定压井条件示意图

## 第三节 局部-全局耦合升尺度方法

本节提出了一种新的基于离散裂缝模型的局部-全局粗化(Discrete Fracture Model based Local-Global Upscaling，DFM-LGU)方法，一种介于局部粗化与全局粗化的拟全局粗化方法，提供了一个从 DFM 模型到 DPDK 模型的快速粗化方法。

该方法是传统自适应局部-全局粗化方法的一个扩展，通过利用粗网格模型下的单相不可压稳态全局压力场的求解，不断地为局部区域提供新的边界压力，以此实现在避免细网格模型下的全局压力场求解的情况下，达到全局粗化方法的精度。由于流程是针对特定流动场景的，也称为自适应局部-全局双孔粗化

(Adaptive Local-Global Dual-porosity Upscaling，ALG-DP)方法。

相比标准全局粗化方法，DFM-LGU 方法在处理大规模模型(如网格数量在 $10^6$ 以上的模型)时，在粗化效率上具有明显的优势。由于引入了全局粗网格压力场求解以及迭代流程，DFM-LGU 方法流程比标准局部粗化方法需要消耗更多的计算资源，但是与实际数值模拟效率上的提升相比，这点粗化过程效率的损失可以忽略不计。

DFM-LGU 方法的流程如图 4-7 所示。首先，进行基于非结构化网格的标准局部粗化，得到初始粗模型双孔双渗传导率联通表，包括基质-基质(M-M)传导率、裂缝-裂缝(F-F)传导率和基质-裂缝(M-F)传导率；其次，利用初始传导率，在假设特定流动条件下，对粗网格进行单相稳态流动数值模拟，得到粗网格压力场；再次，使用粗网格压力场，对每个局部区域的边界细网格进行压力插值得到局部定压边界条件；最后，在新的定压边界条件下，进行一个新的局部粗化过程，周而复始。这是 DFM-LGU 方法的一个完整迭代步，迭代的收敛条件通过前后两次压力场之差来判断。

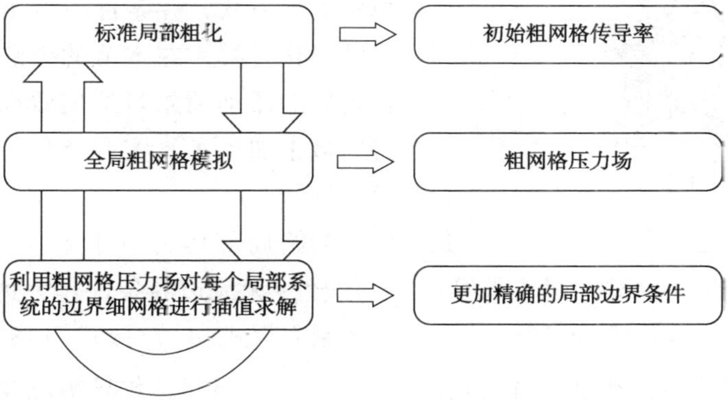


图 4-7 DFM-LGU 方法流程

## 一、初始传导率粗化

如图 4-7 所示，迭代流程的第一步是进行初始传导率粗化，其可分为以下 3 个步骤：

(1) 在细网格模型上划分局部区域，并确定每个区域控制的目标粗网格传导率；

(2) 在每个细网格局部区域上进行单相稳态/拟稳态流动模拟，得到每个区域的压力场；

（3）根据局部区域的细网格压力场，计算目标粗网格传导率。

通常而言，局部粗化方法的传导率精度与局部区域的大小呈正相关，这是由于更大的局部区域可以减小边界效应对结果的影响。在裂缝性储层中，由于裂缝的强传导作用，裂缝所在区域的非均质性一般较为强烈，区域流动随边界作用的影响也就越大。较大的局部区域面积虽然能够提高粗化精度，然而也会降低粗化流程的计算效率，更一般来说，全局粗化方法可看作一个最大化的局部区域。

为了平衡计算效率与粗化精度，本书采用一个自适应局部区域划分算法，根据裂缝的密度及井位置，自动选择合适的局部区域(见图 4-8)。也就是说，在裂缝密度较大的区域及井周区域，选择更大的局部区域。

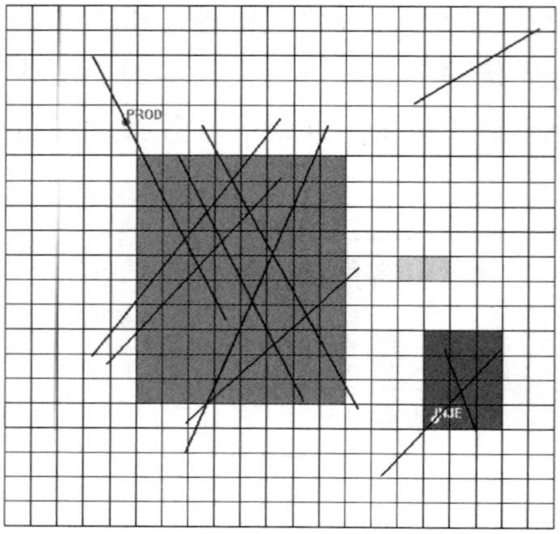

图 4-8　根据裂缝密度及井位置的自适应局部区域示意图

类似的情况发生在近井地带区域，由于井的驱动，近井地带网格间通常具有较大的流量及较大的压力梯度。在以往的网格粗化技术中，井指数 *WI* 的粗化一般采用单独处理方式，井条件一般不参加局部区域的粗化计算。在本节的方法中，为了取得更好的流动情景自适应效果，在近井地带区域中加入了真实井条件(见图 4-8 深色区域)。

初始局部压力场求解时，采用(不限于)线性-无流边界条件作为边界条件。求解控制方程式(4-7)或式(4-8)，在解得局部区域压力场之后，利用式(4-20)、式(4-21)可计算目标传导率$T_{IJ}$及井指数$WI_I^w$：

$$T_{IJ}=\frac{q_{IJ}}{p_I-p_J} \tag{4-20}$$

$$WI_I^w=\frac{q_I^w}{p_I-p^w} \tag{4-21}$$

其中，$q_{IJ}$为粗网格 $I$ 到粗网格 $J$ 的总流量(见图 4-9)，$p_I$和$p_J$分别为粗网格 $I$ 和 $J$ 的平均压力：

$$p_I^c=\frac{\sum_{i\in S_I} V_i\,p_i}{V_I} \tag{4-22}$$

$$q_{IJ}=\sum_{i\in S_I,\ j\in S_J}q_{ij}=\sum_{i\in S_I,\ j\in S_J}T_{ij}(p_i-p_j) \tag{4-23}$$

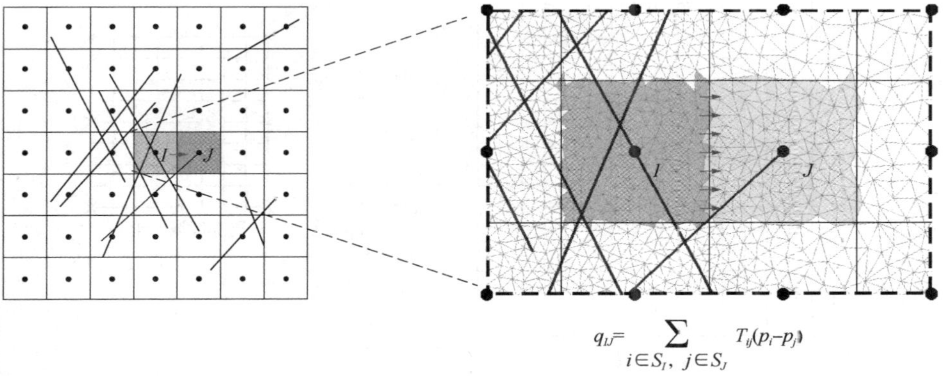


图 4-9 粗网格流量计算公式

## 二、全局粗网格压力场计算

在利用式(4-20)和式(4-21)获得粗网格传导率及井指数后，可以很容易使用控制方程式(4-7)或式(4-8)，模拟全局粗网格模型下，特定流动情形的压力场。

## 三、局部边界压力插值

在 Chen 与 Durlofsky 于 2006 年提出的自适应局部-全局粗化(ALG)方法中，采用半网格扩展局部区域。如前所述，扩展的局部区域方法可以减小边界条件选取的影响，提高粗化精度与稳定性。然而，选择半网格扩展局部区域的一个更显著优势是可以很方便地进行局部边界压力插值(见图 4-10)。在线性压力分布的假设下，局部边界压力插值公式为：

$$p_i=p_I+D_{ij}\frac{p_J-p_I}{D_{IJ}} \tag{4-24}$$

式中 $D_{ij}$——网格 $i$ 和 $j$ 控制点的距离。

式(4-24)得以作用的原因是采用正交网格系统。这样，粗网格控制点可以很容易选取在与一系列细网格控制点同一直线上，进而使用线性压力插值。然而，这对于介绍的 DFM-LGU 方法并不适用。因为 DFM 模型一般采用非结构化网格，细网格的控制点在空间是无规则分布的。另外，方位为了更加一般化而引入的虚拟粗网格概念，本身无法确定“半网格的”几何意义(见图 4-11)。因此，需要其他的局部边界压力插值算法。

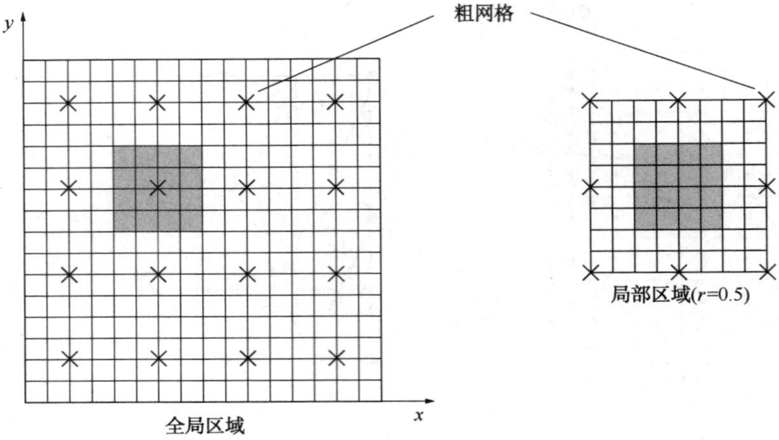


图 4-10　半网格扩展局部区域及局部压力边界插值

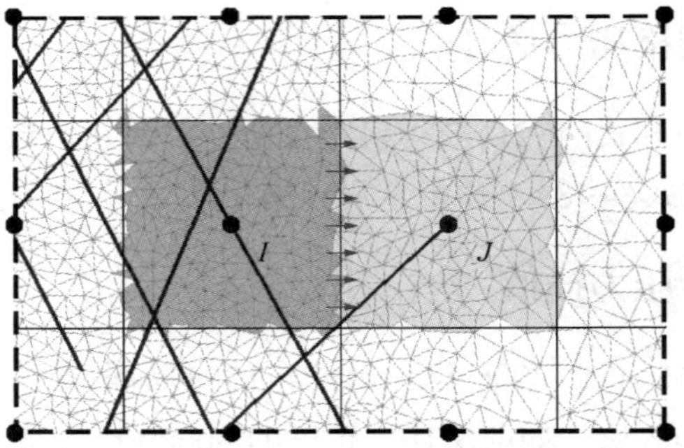


图 4-11　非结构化细网格系统与粗网格系统控制点

DFM-LGU 方法采用一个全新的传导率-距离反比加权插值策略来确定局部边界压力。一方面，采用距离反比加权插值策略是符合直观且有效的；另一方面，因为传导率是网格之间连通性的体现，在同样流量交换的情况下，更高的传导率表明更小的压力梯度，即网格之间的压力差更小。因此综合了传导率与距离的关系，提出了传导率-距离反比加权插值策略，其数学表达式为：

$$p_i = \sum_{J \in C_I} w_J p_J \tag{4-25}$$

式中　$w_J$——粗网格 $J$ 的压力权重：

$$w_J = \frac{T_{IJ}/D_{iJ}}{\sum_{J \in C_I} (T_{IJ}/D_{iJ})} \tag{4-26}$$

式中　$C_I$——所有与粗网格 $I$ 相邻的粗网格的集合(见图 4-12)。

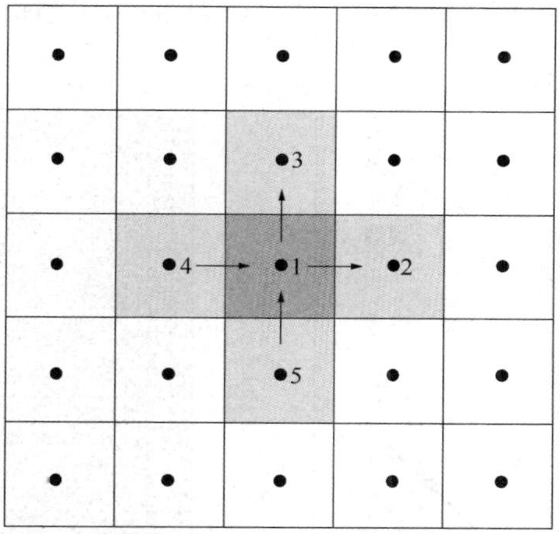


图 4-12　相邻粗网格

## 四、迭代过程及收敛准则

前面主要介绍了 DFM-LGU 方法的几个基本步骤，完整的流程需要一个迭代以提高粗化精度的过程，是该方法的一个核心。因为在粗网格压力场下对局部边界细网格进行了压力插值，可以预测，采用更加接近真实边界条件的局部粗化将可以获得精度更高的目标传导率。同样，更高精度的粗网格传导率将可以获得更加精确的粗网格压力场。循环迭代，那么最后将会获得局部边界条件以及全局粗网格压力场。

迭代收敛的依据是局部细网格流动场的平均值趋近于粗网格流动场，可以采用压力或流量准则进行判断。以流量准则为例：

$$\delta q^{(n)}=\max_{IJ}\left(\left|\frac{q_{IJ}^{(n)}-q_{IJ}^{(n-1)}}{q_{IJ}^{(n-1)}}\right|\right)<\varepsilon \tag{4-27}$$

式中　$\delta q$——两次迭代过程的相对流量误差，上标$(n)$为第 $n$ 次迭代过程。

此外，还可以设置一个最大迭代次数限制。由于裂缝的强非均质性，有时迭代过程无法收敛到满足式(4-27)的条件。但是大多数结果表明，即便无法达到收敛条件，迭代几次后的传导率联通表的数值模拟结果差异通常很小。

## 五、应用实例

### (一) 二维模型

二维模型尺寸为 7000ft×7000ft，包含 10 条裂缝及两口井(见图 4-13)，其中一口为注水井，另一口为采出井。细网格模型为三角形非结构化网格(见图 4-14)，共有 8614 个细网格。目标粗网格是一个 21×21 的正交网格系统。模型的一些参数如表 4-1 所示。

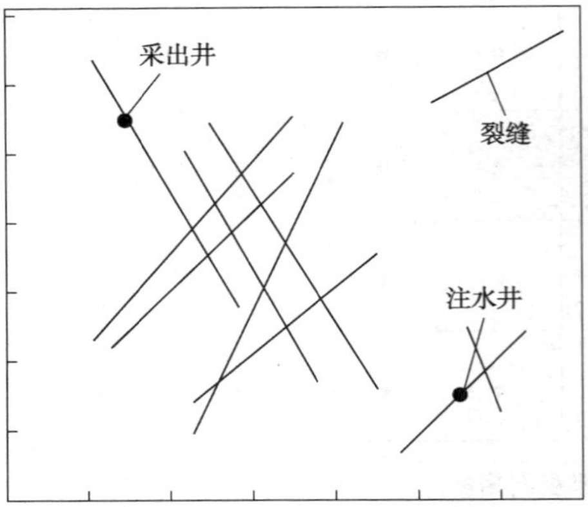


图 4-13　模型裂缝及井位示意图

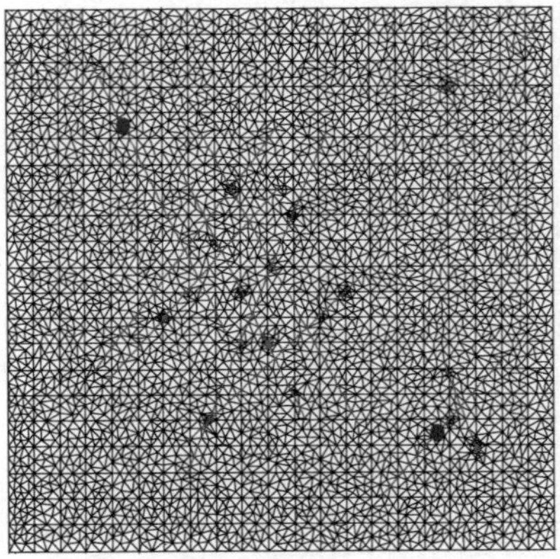

图 4-14　DFM 非结构化细网格模型

**表 4-1　模型参数与生产条件**

| | $N_{grid}$ | $K_m$/mD | $K_f$/mD | $WI_{inj}$/(cP·rb/d·psi) | $WI_{pro}$/(cP·rb/d·psi) | $Q_{inj}$/(std/d) | $BHP_{pro}$/psi |
|---|---|---|---|---|---|---|---|
| DFM | 8614 | 1 | 1E6 | 1000 | 1000 | 500 | 1000 |
| DPDK | 21×21 | — | — | — | — | 500 | 1500 |

为了更好地对比粗化的结果，算例同时加入了标准扩展局部粗化、标准全局粗化以及传统局部-全局单孔模型粗化的对比，数值模拟结果对比如图 4-15 至图 4-28 所示。

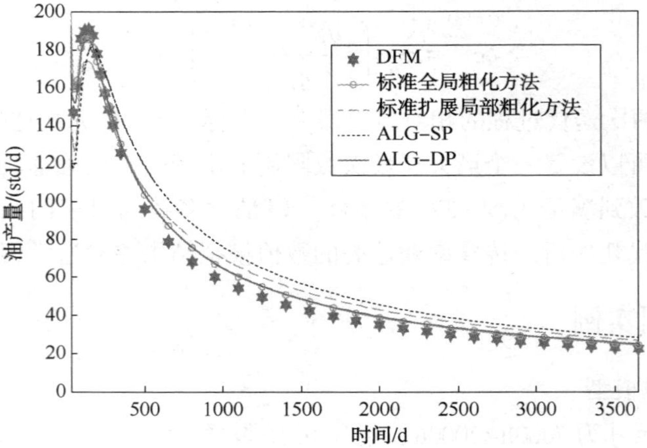


图 4-15　生产井油产量曲线结果对比

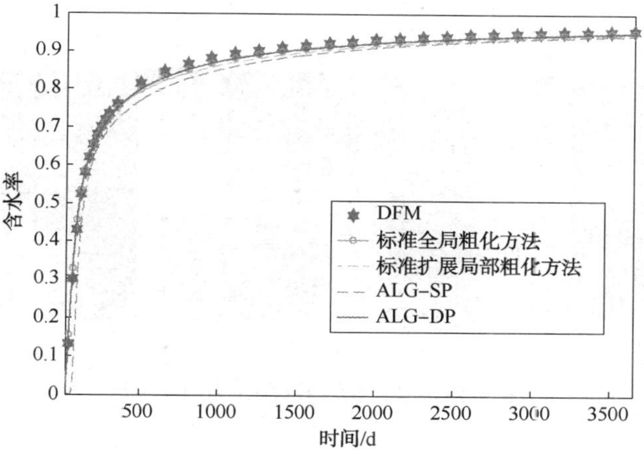


图 4-16 生产井含水率曲线结果对比

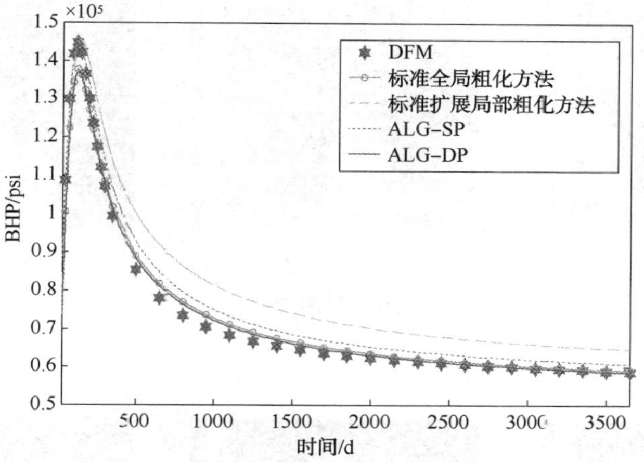


图 4-17 注水井井底压力曲线结果对比

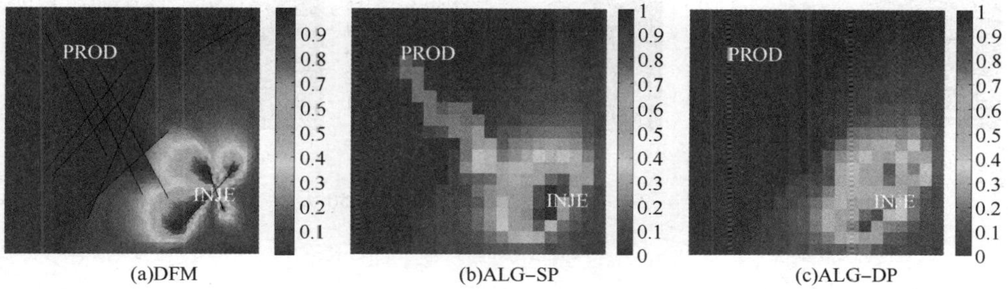


图 4-18 饱和度结果对比：第 365 天

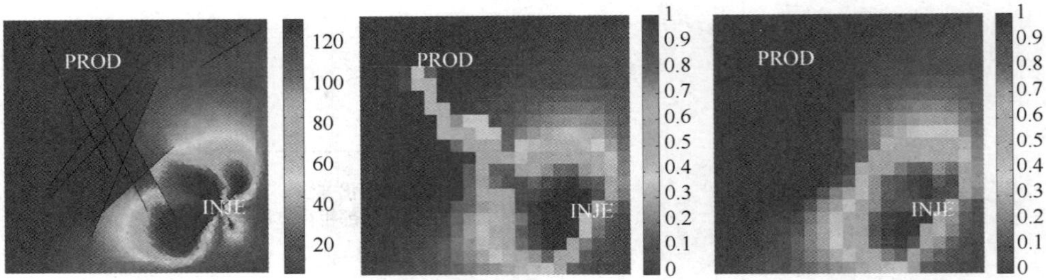


(a)DFM (b)ALG-SP (c)ALG-DP

图 4-19 饱和度结果对比：第 1460 天

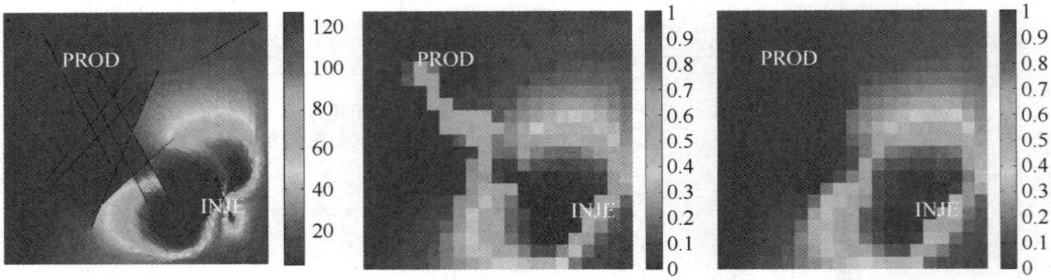


(a)DFM (b)ALG-SP (c)ALG-DP

图 4-20 饱和度结果对比：第 2555 天

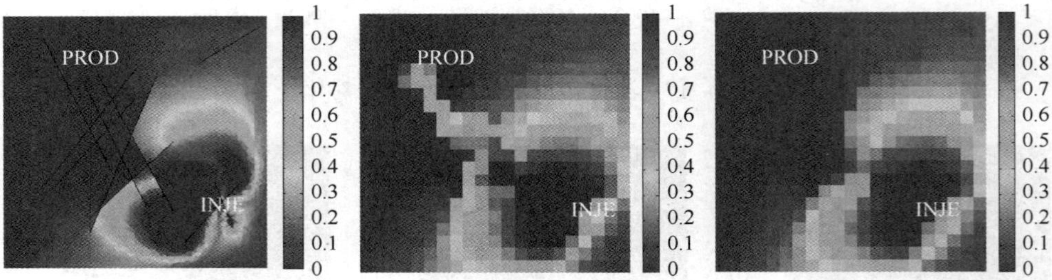


(a)DFM (b)ALG-SP (c)ALG-DP

图 4-21 饱和度结果对比：第 3650 天

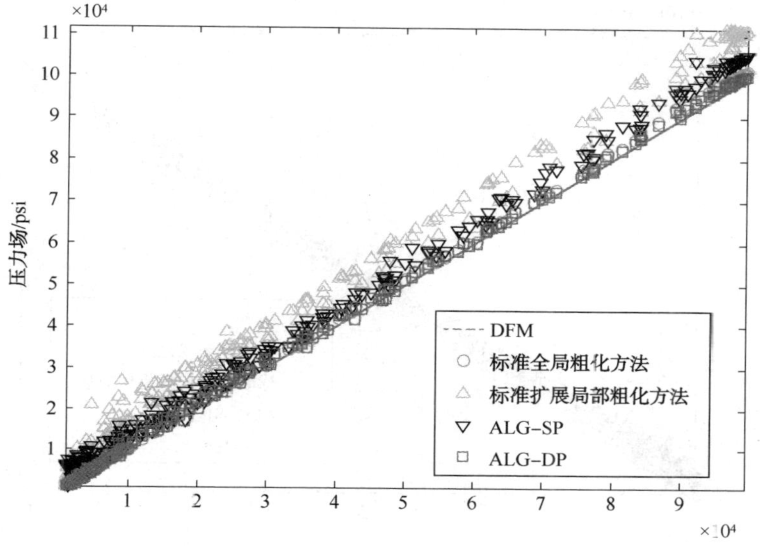


图 4-22 粗网格模型压力场交会图结果对比：第 365 天

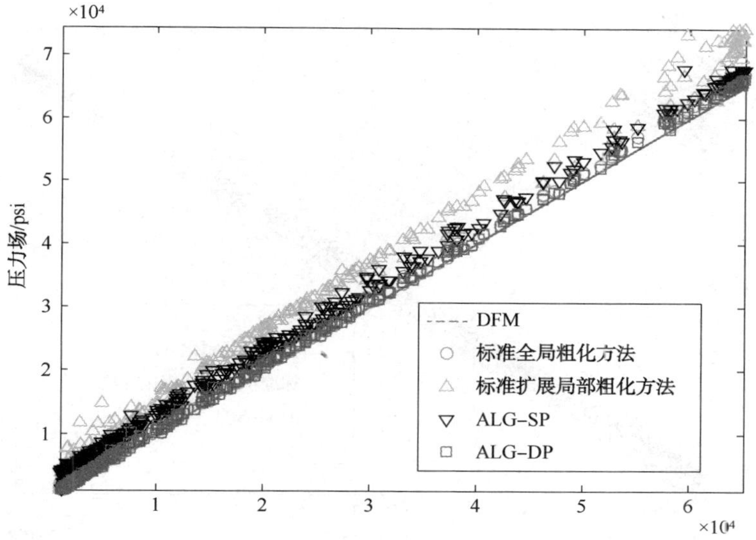


图 4-23 粗网格模型压力场交会图结果对比：第 1460 天

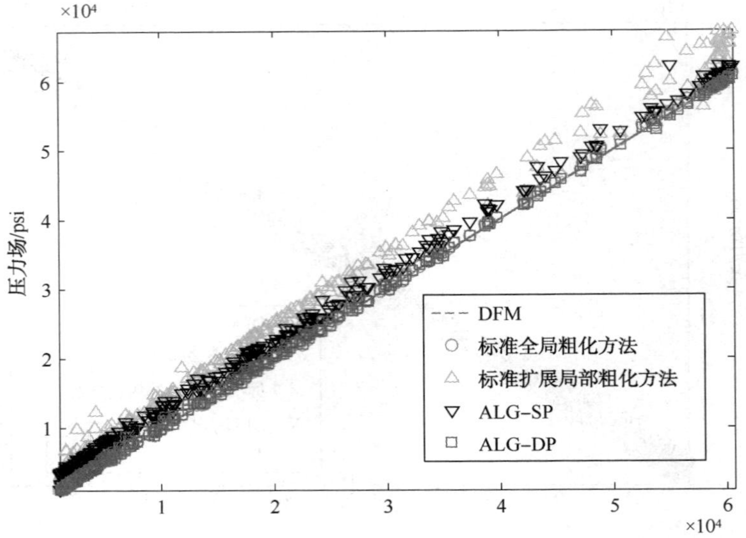


图 4-24　粗网格模型压力场交会图结果对比：第 2555 天

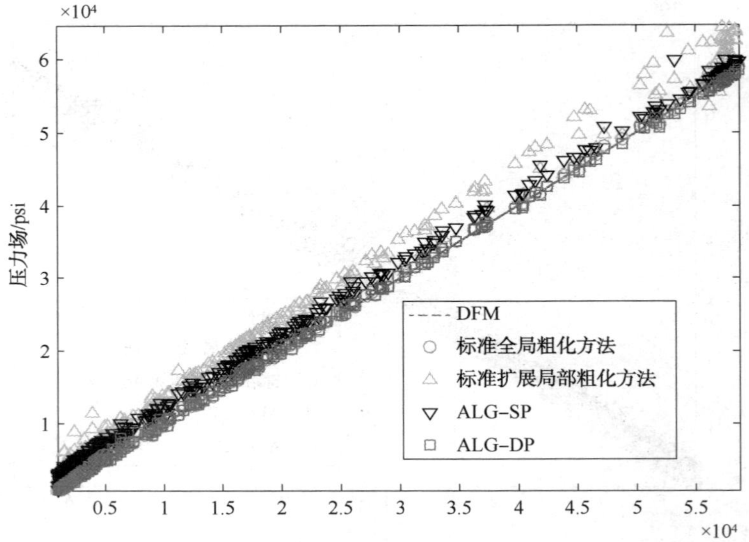


图 4-25　粗网格模型压力场交会图结果对比：第 3650 天

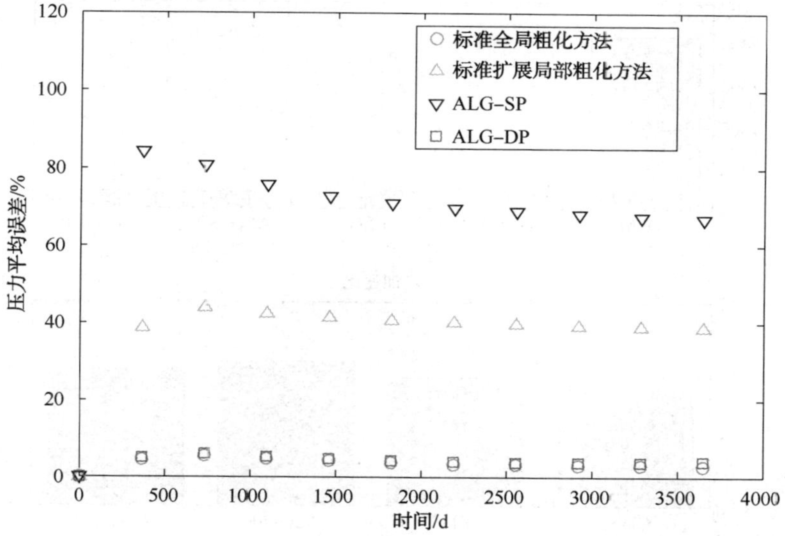


图 4-26 粗网格模型压力平均相对误差对比

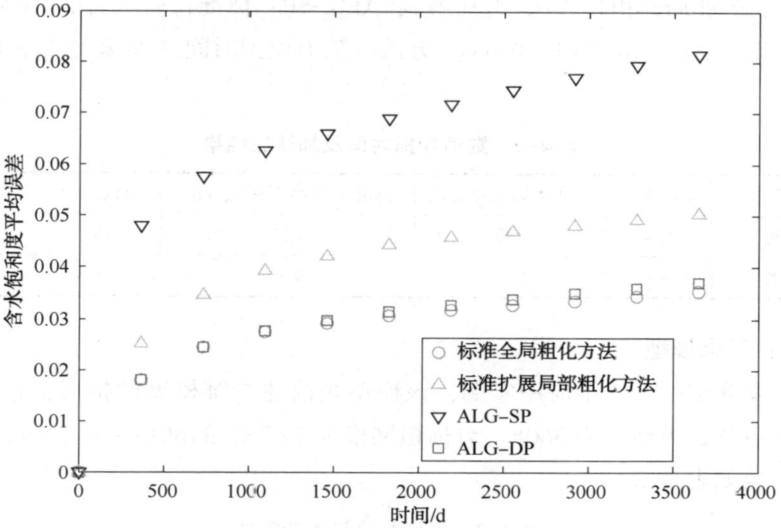


图 4-27 粗网格模型含水饱和度平均相对误差对比

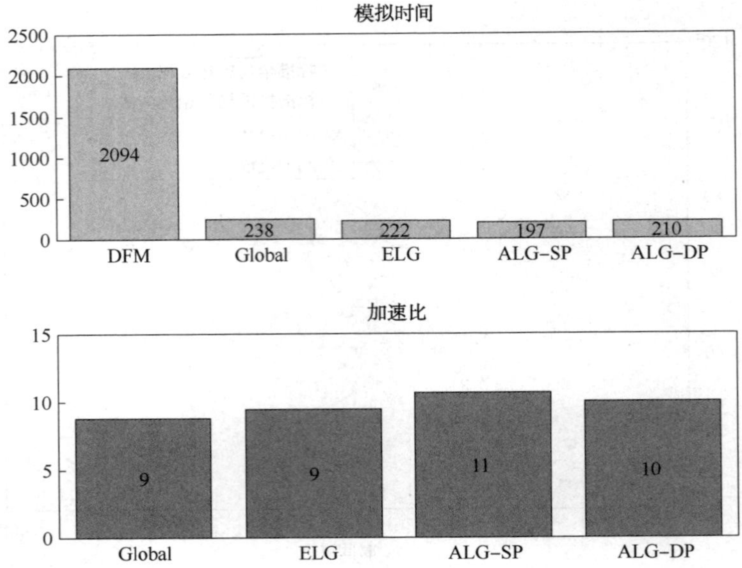


图 4-28 粗化模型加速比结果对比

上述结果图中，DFM：细网格(参考解)；Global：标准全局粗化方法(参考解)；ELG：标准扩展局部粗化方法(对比解)；ALG-SP：标准自适应局部-全局粗化方法(对比解)；ALG-DP 即 DFM-LGU 方法。数值模拟时间及加速比结果如表 4-2 所示。

**表 4-2 数值模拟时间及加速比结果**

| 模型 | DFM | 标准全局粗化方法 | 标准扩展局部粗化方法 | ALG-SP | DFM-LGU |
|---|---|---|---|---|---|
| 数模时间/s | 2094 | 238 | 222 | 197 | 210 |
| 加速比 | — | 8.8 | 9.4 | 10.6 | 10.0 |

## (二) 三维模型

接下来介绍一个三维应用实例，该模型是前述二维模型的扩展，包含 10 条裂缝及两口井，纵向上为 360ft。目标粗网格为 7×7×3 的网格系统(见图 4-29)。模型的参数如表 4-3 所示。

**表 4-3 模型参数与生产条件**

| | $N_{grid}$ | $K_m$/mD | $K_f$/mD | $WI_{inj}$/(cP · rb/d · psi) | $WI_{pro}$/(cP · rb/d · psi) | $Q_{inj}$/(std/d) | $BHP_{pro}$/psi |
|---|---|---|---|---|---|---|---|
| DFM | 44773 | 1 | 1E6 | 1000 | 1000 | 5E4 | 1500 |
| DPDK | 11×11×3 | — | — | — | — | 5E4 | 1500 |

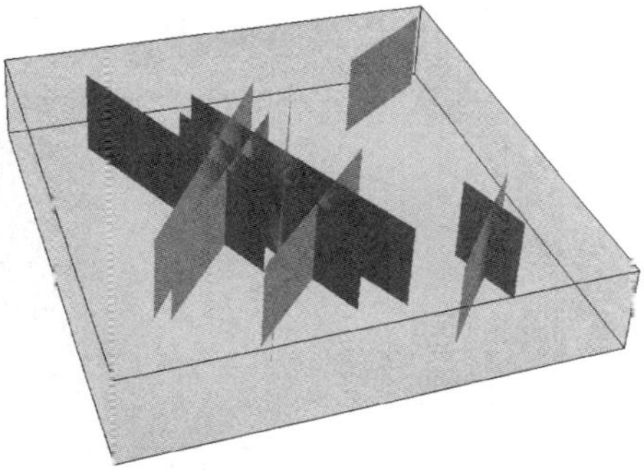

图 4-29 模型裂缝及井位示意图

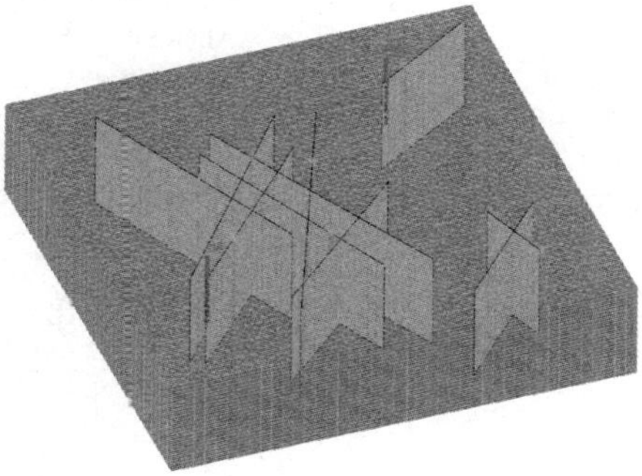

图 4-30 DFM 非结构化细网格模型

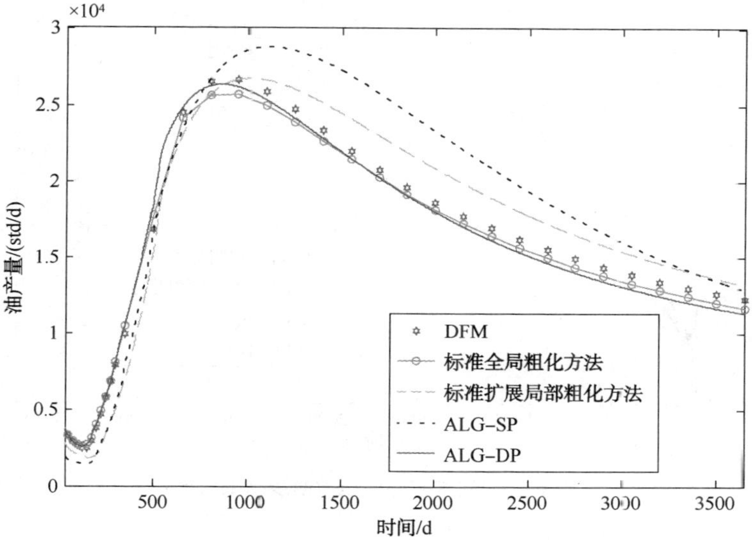


图 4-31 生产井油产量曲线结果对比

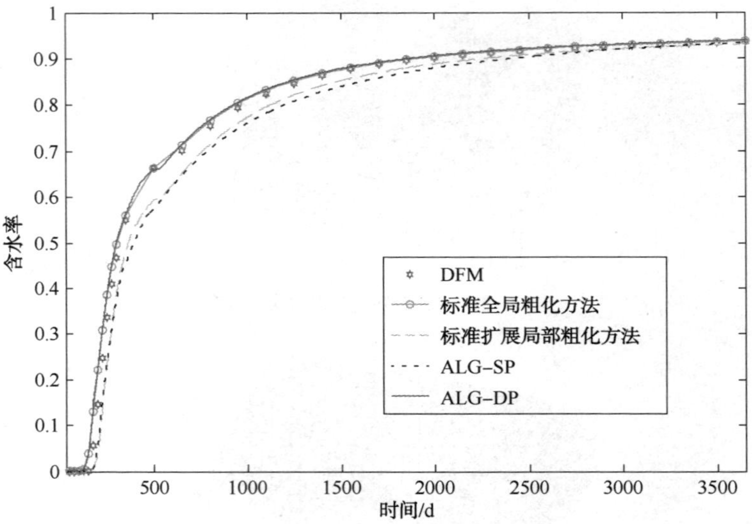


图 4-32　生产井含水率曲线结果对比

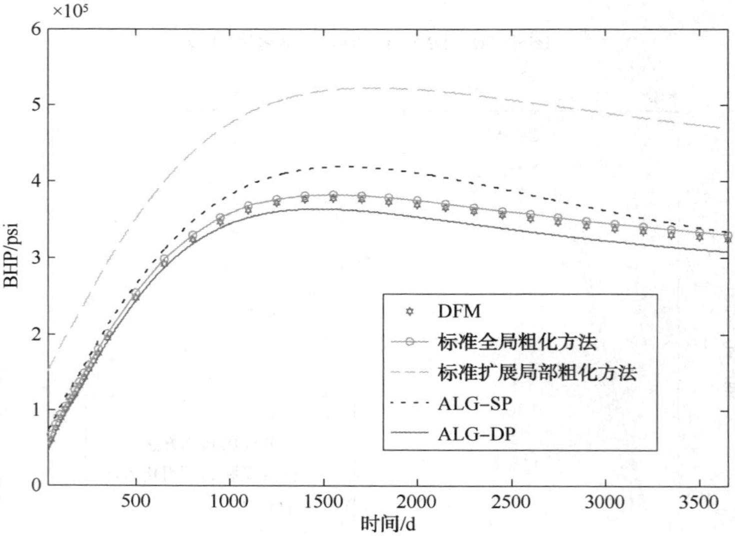


图 4-33　注水井井底压力曲线结果对比

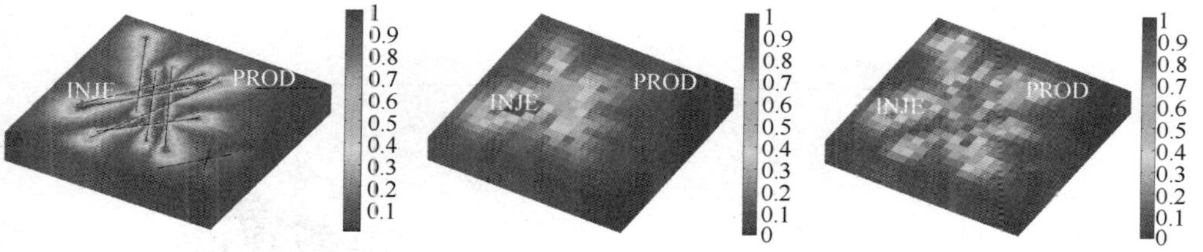


(a)DFM (b)ALG-SP (c)ALG-DP

图 4-34 饱和度结果对比：第 365 天

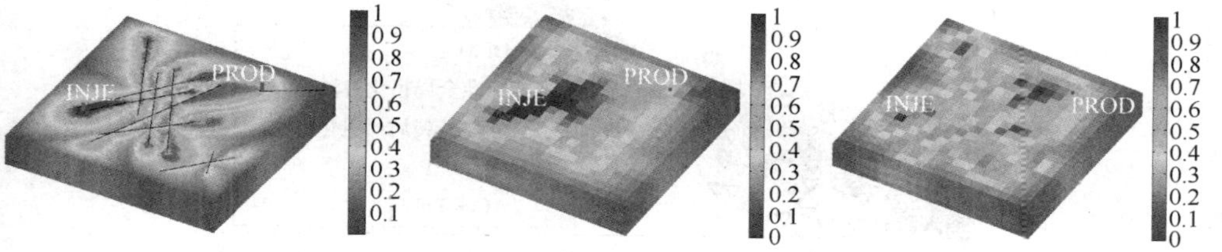


(a)DFM (b)ALG-SP (c)ALG-DP

图 4-35 饱和度结果对比：第 1460 天

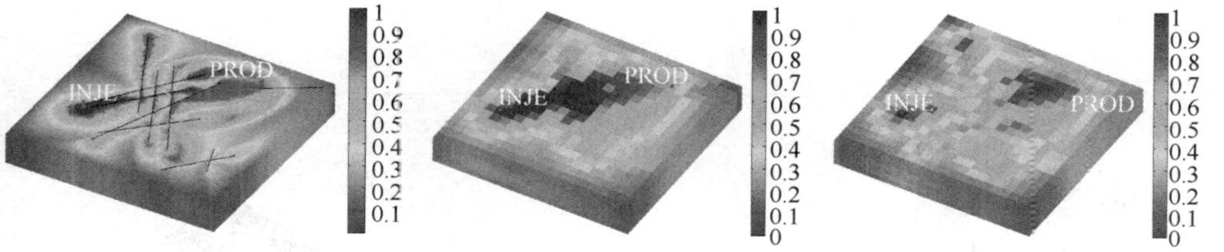


(a)DFM (b)ALG-SP (c)ALG-DP

图 4-36 饱和度结果对比：第 2555 天

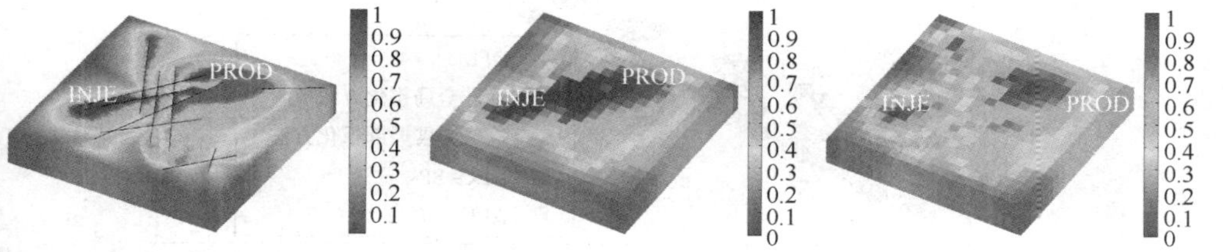


(a)DFM (b)ALG-SP (c)ALG-DP

图 4-37 饱和度结果对比：第 3650 天

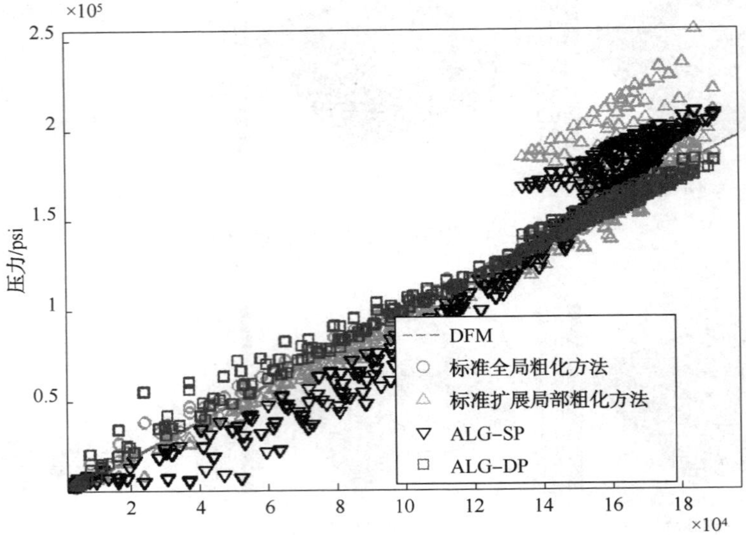


图 4-38　粗网格模型压力场交会图结果对比：第 365 天

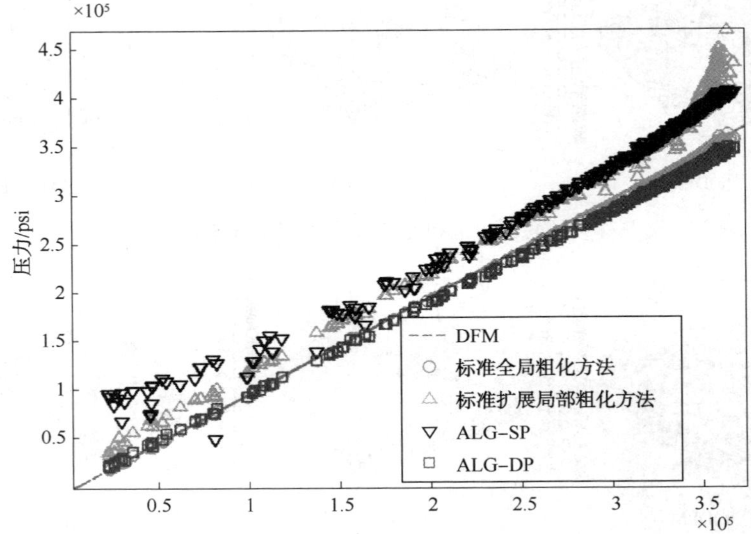


图 4-39　粗网格模型压力场交会图结果对比：第 1460 天

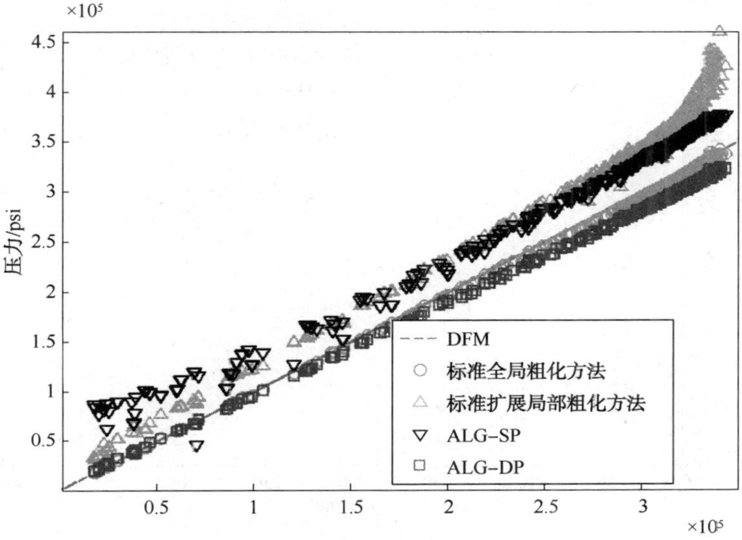


图 4-40 粗网格模型压力场交会图结果对比：第 2555 天

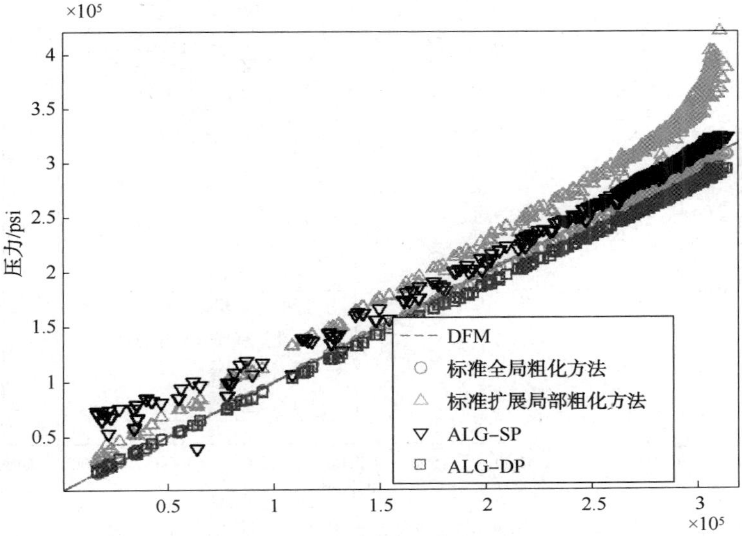


图 4-41 粗网格模型压力场交会图结果对比：第 3650 天

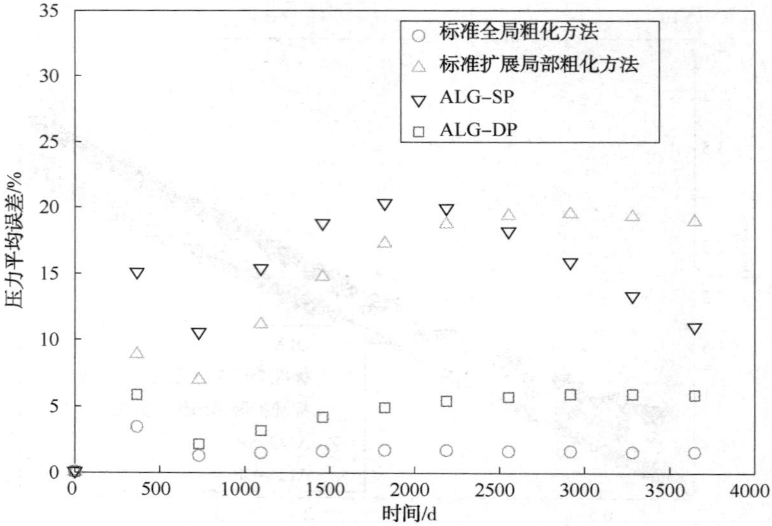


图 4-42　粗网格模型压力平均相对误差对比

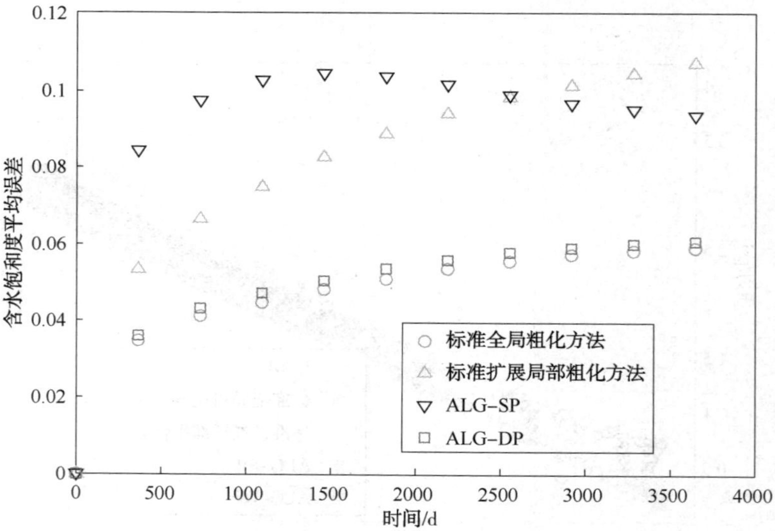


图 4-43　粗网格模型含水饱和度平均相对误差对比

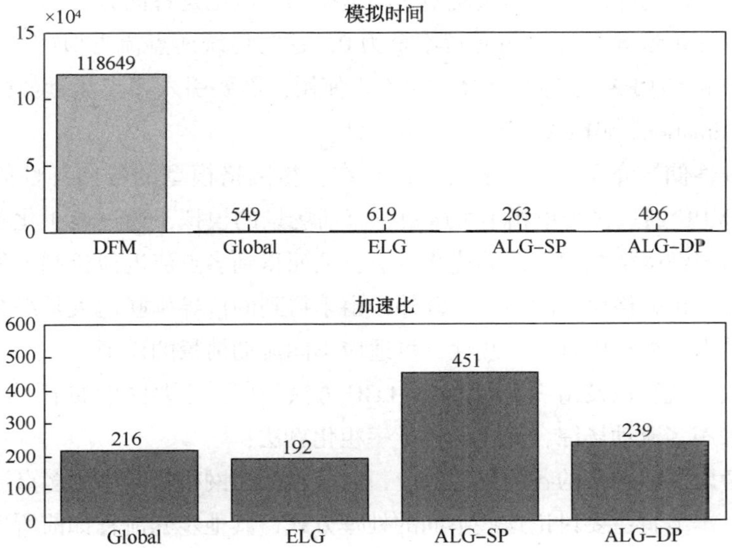


图 4-44 粗化模型加速比结果对比

**表 4-4 数值模拟时间及加速比结果**

| 模型 | DFM | 标准全局粗化方法 | 标准扩展局部粗化方法 | ALG-SP | DFM-LGU |
|---|---|---|---|---|---|
| 数模时间/s | 118649 | 549 | 619 | 263 | 496 |
| 加速比 | — | 216 | 192 | 451 | 239 |

上述结果图中，DFM：细网格(参考解)如图 4-30 所示；Global：标准全局粗化方法(参考解)；ELG：标准扩展局部粗化方法(对比解)；ALG-SP：标准自适应局部-全局粗化方法(对比解)；ALG-DP 即为 DFM-LGU 方法，综合对比如图 4-31 至图 4-44 所示。数值模拟时间及加速比结果如表 4-4 所示。

# 第四节 多点流升尺度方法

在前述 DFM-LGU 方法的基础上，本节将介绍一种新的基于离散裂缝模型的多点流粗化方法(Discrete Fracture Model based Multi Point Upscaling，DFM-MPU)。该方法通过输出最小二乘(Output Least Square，OLS)整体优化方法，得到一个多点流传导率联通表。

模型粗化的一个共识是，即便细网格模型渗透率场是各向同性的，由于非均质性以及网格取向的作用，粗网格模型的渗透率场一般也是各向异性的。这在数学上表现为渗透率张量 **K** 的非对角元素不全为 0，这时传统两点流近似(Two Point Flux Approximation，TPFA)传导率计算方法不再使用，需要引入多点流近似(Multi Point Flux Approximation，MPFA)传导率计算方法。

在裂缝性储层介质中，由于裂缝的存在，粗网格模型的各向异性问题更加明显。DFM-MPU 通过多个单相不可压稳态流动场景的模拟，通过最小化不同流动场下的粗网格与细网格之间误差的优化方法，从而得到多点流近似机制下的传导率联通表，改善了粗网格模型的精度。此外，由于得到的传导率联通表是综合了多个流动情形的结果，往往更具有一般性，可适应不同流动情景的模拟。

该方法从流程以及组织上与 DFM-LGU 方法类似，主要区别如下：

(1) 采用多流动场综合优化的传导率粗化算法；

(2) 考虑了粗网格的各向异性效应，以及目标粗网格传导率为多点流传导率。

因此，本节将主要讨论这些不同的处理方式，其他步骤流程如前所述。

此外，在本节介绍的粗化方法流程中，采用全局粗化的方法，因为这里主要考虑粗模型的各向异性效应而非粗化流程本身。采用全局粗化方法过程简单，也便于理解和体现 DFM-MPU 方法的主要优势。此外，只要稍加修改，DFM-MPU 便可与 DFM-LGU 方法结合。

## 一、多点流传导率

由于渗透率各向异性的存在，传统 TPFA 传导率已不再适用。更一般来说，TPFA 出现误差的根本原因是渗透率张量非正交性(K-Nonorthogonality)，其取决于以下两方面因素：

(1) 网格取向；

(2) 多孔介质各向异性(渗透率张量)。

一般认为，即便地质网格上渗透率场是各向同性的，粗化到数值模拟网格时也会出现各向异性现象。

如图 4-45 所示，二维 MPFA 机制下的传导率相关网格数通常为 6，因此一般会产生一个 9 点流流动机制(见图 4-46)；三维 MPFA 机制下的传导率相关网格数通常为 18，产生 27 点流流动机制。MPFA 传导率机制下，网格 $i$ 与 $j$ 之间的流量写为：

$$q_{ij}=\boldsymbol{T}_{ij}\boldsymbol{\Phi}_{ij}=[t_1,\ \cdots,\ t_n]_{ij}[\boldsymbol{\Phi}_1,\ \cdots,\ \boldsymbol{\Phi}_n]_{ij}^T \tag{4-28}$$

式中　$n$——传导率相关网格数；

**$\boldsymbol{\Phi}$**——与流量相关的网格势向量；

**$\boldsymbol{T}$**——传导率向量；

$t$——传导率系数，其满足一般约束：

$$\sum t_i = 0,\ t_{2i-1} \leqslant 0,\ t_{2i} \geqslant 0 \tag{4-29}$$

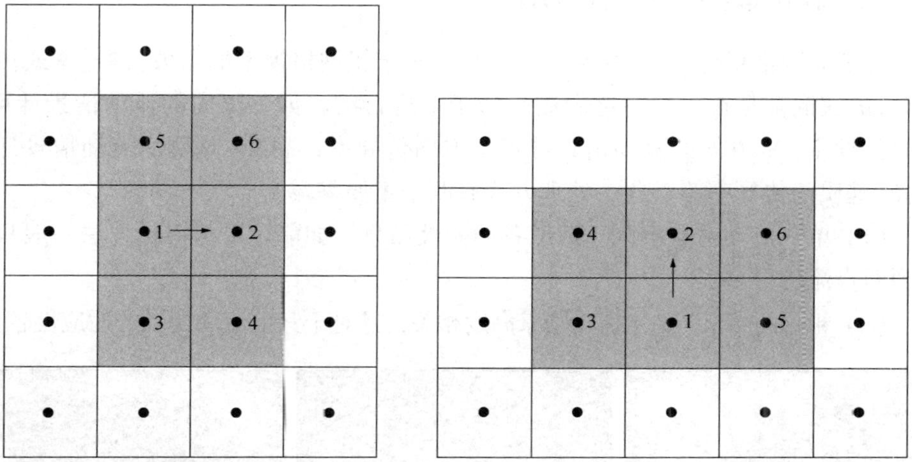


(a) $i$ 方向传导率相关网格　　(b) $j$ 方向传导率相关网格

图 4-45　二维 MPFA 传导率示意图

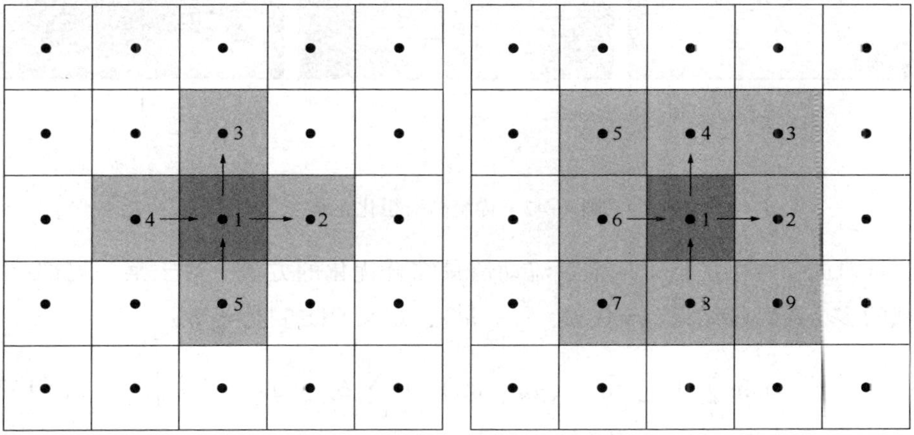


图 4-46　二维 MPFA 传导率机制与 TPFA 传导率机制对比

式(4-28)中各系数的具体取值取决于不同的 MPFA 机制。由式(4-29)，对于 MPFA 传导率机制，控制方程式(4-7)与式(4-8)应分别写为：

$$0=\sum_{l}\lambda m_{li}(\Phi_l-\Phi_i)-q_i^w \tag{4-30}$$

$$V_i c=\sum_{l}\lambda m_{li}(\Phi_l-\Phi_i)-q_i^w \tag{4-31}$$

式中　$m_{li}$——传导率向量 $\boldsymbol{T}$ 的函数。

## 二、输出最小二乘优化方法

传统的网格粗化方法中(见图 4-47)，对于粗网格模型的参数(渗透率或传导率等)的获取都是在一个特定的流动情景下进行的，如 $x$ 方向的流动情景计算 $x$ 方向传导率，$y$ 方向的流动情景计算 $y$ 方向传导率，裂缝-基质的流动情景计算裂缝-基质间传导率等。这一处理方式有两个主要弊端：

(1) 单一流动情景不利于获取各向异性信息。如前述局部粗化方法一般只能得到两点流传导率；

(2) 粗化的结果与特定流动情景高度相关，且对于其他流动情景的适应性较差。

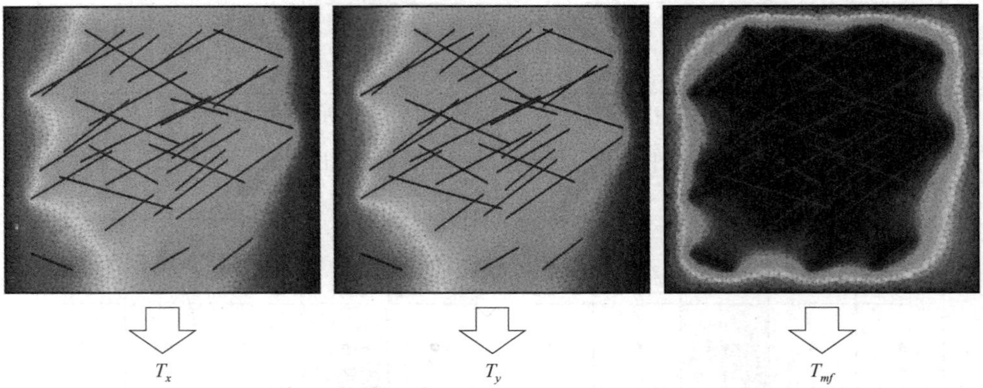


图 4-47　传统网格粗化方法

针对此，本书提出了一个多流动情景综合优化的方法。对于某一局部/全局区域的多个流动场结果($r=1,\ 2,\ \cdots,\ n_r$)，定义 OLS 目标函数：

$$\min_{t}\sum_{r=1}^{n_r}\left[\sum\nolimits_{IJ}\alpha_{r,\ IJ}(q_{IJ}^c-q_{IJ}^f)^2+\sum_{W=1}^{n_W}\beta_{r,\ W}(q_W^c-q_W^f)^2\right] \tag{4-32}$$

式中　$c$——该值通过粗网格压力场计算得到；

$f$——该值通过细网格压力场计算得到；

$q_W$——井 $W$ 的井流量，字母的大小写表示同一口井在粗网格和细网格中的名称；

$\alpha$——权重因子；

$\beta$——权重因子；

$q_{IJ}^{c}$——可写为待求变量的函数；

$q_{W}^{c}$——可写为待求变量的函数：

$$q_{IJ}^{c}=\boldsymbol{T}_{IJ}\boldsymbol{u}_{IJ} \tag{4-33}$$

$$q_{W}^{c}=WI_{W}(p_{W}^{f}-BHP_{W}^{f}) \tag{4-34}$$

将式(4-33)及式(4-34)代入式(4-32)，并加入限制条件式(4-29)，求解优化目标函数便可求得目标渗透率场及井指数。

当$n_r=1$时，由于只有一个实现，优化问题退化成为前述 TPFA 粗化方法，即 $\boldsymbol{T}_{IJ}$退化为式(4-20)所示的标量。

完整的方法流程如图 4-48 所示。

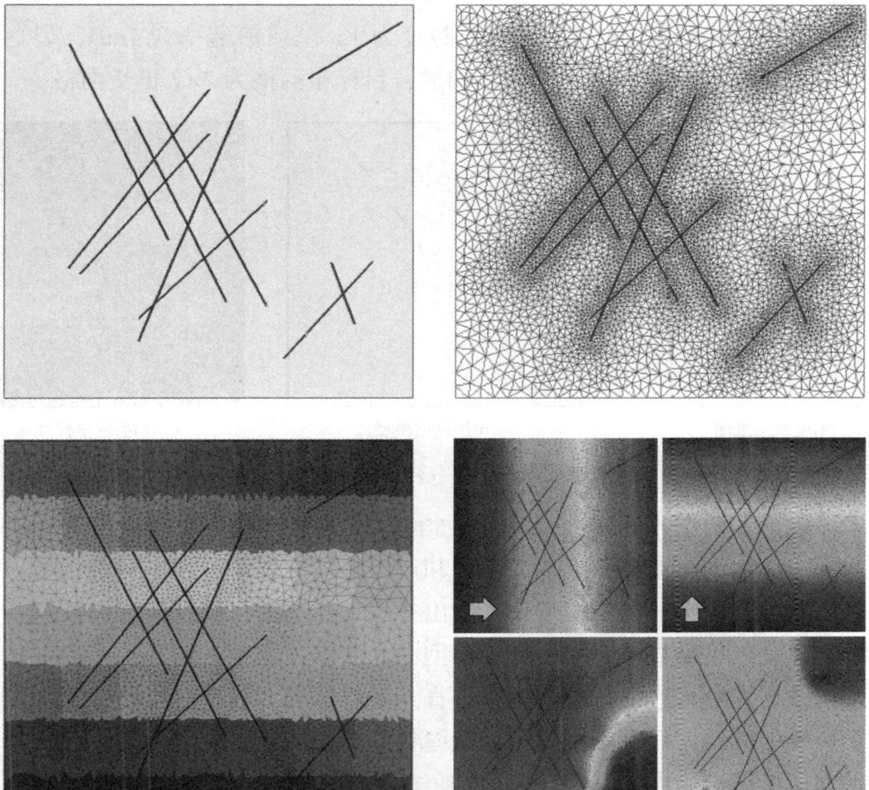

图 4-48　DFM-MPU 方法流程

(1) 抽象目标储层的几何模型，并进行非结构化网格剖分，此为细网格模型，并计算细网格模型下的计算传导率；

(2) 定义粗网格模型；

(3) 定义流动情景，如果没有特定的井驱动的流动情形，可以采用简单的 $x$、$y$ 和 $z$ 方向及基质-裂缝流动情形，求解每个流动情形压力场；

(4) 根据每个流动情形下得到的流动压力场，由式(4-32)计算目标函数，求解目标函数最小值，可得到全场多点流传导率场和井指数。

## 三、应用实例

### (一) 单一裂缝概念模型

为了清楚地看到裂缝造成的粗网格各向异性问题，本书设计了一个二维概念模型(见图 4-49)。该模型只包含一条裂缝，基质和裂缝两种介质都是均质且各向同性的。基质孔隙度为 0.1，裂缝孔隙度为 1。基质渗透率为 1mD，裂缝渗透率为$10^6$mD。细模型由 2807 个细网格构成，目标粗网格为 7×7 正交网格。

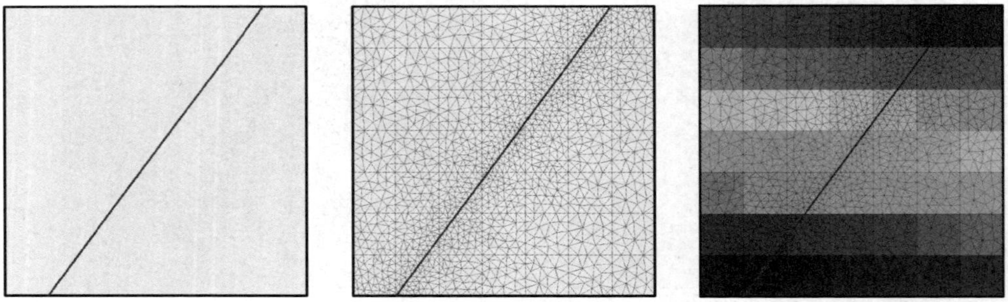

(a)模型示意图　(b)细网格模型　(c)粗网格模型

图 4-49　单一裂缝概念模型

本书设计了两个流动模型(见图 4-50)，以考察粗网格中裂缝带来的各向异性效应。在这两个流动模型中，注水井和产出井被分别设计在不同的位置。第一个流动模型中，注水井位于右下角，产出井位于左上角，均位于远离裂缝的角落且连线与裂缝近乎垂直；第二个流动模型中，注水井位于右上角，产出井位于左下角，均靠近裂缝且连线与裂缝近乎垂直。不难预测，前者的流线主要沿着大致垂直于裂缝的方向，后者则主要沿着裂缝相同的方向。

本书模拟了细尺度 DFM 模型的流动结果，以此作为参考解。为了更好地对比 DFM-MPU 粗模型的结果，本书还对比了基于流动情景 1 的标准 TPFA 全局粗化的结果，两者都应用到两个流动模型中。

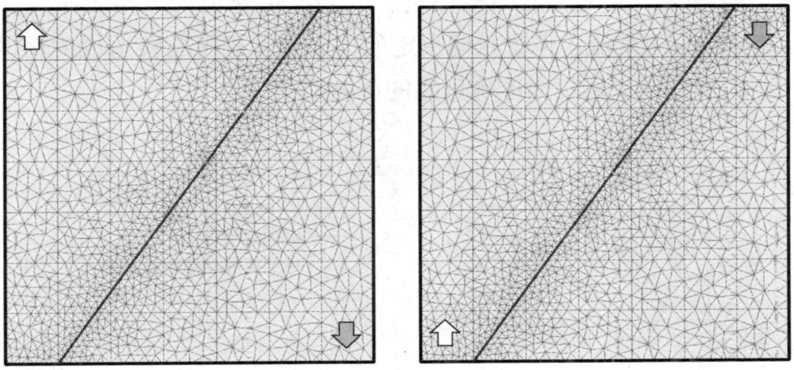

图 4-50　两个流动情形

如图 4-51 至图 4-56 所示结果表明，虽然传统 TPFA-DPDK 结昊能很好地应用于流动模型 1，但是却并不适于流动模型 2；而 MPFA-DPDK 模型对于两个流动模型的拟合结果都较好。传统 TPFA-DPDK 结果出现如此较大的偏差主要是由于其粗网格的传导率是由一个单一的实现获得的，这个特定的压力场和流量场不一定能完全反映原始模型的特征，特别是其中的裂缝特征。在第一种流动情形下，裂缝对于流动并没有太大的影响，因为流线大多是垂直于它的，所以以此为基础进行粗化后的传导率也就很难准确捕捉到裂缝的特性。因此将此结果应用到

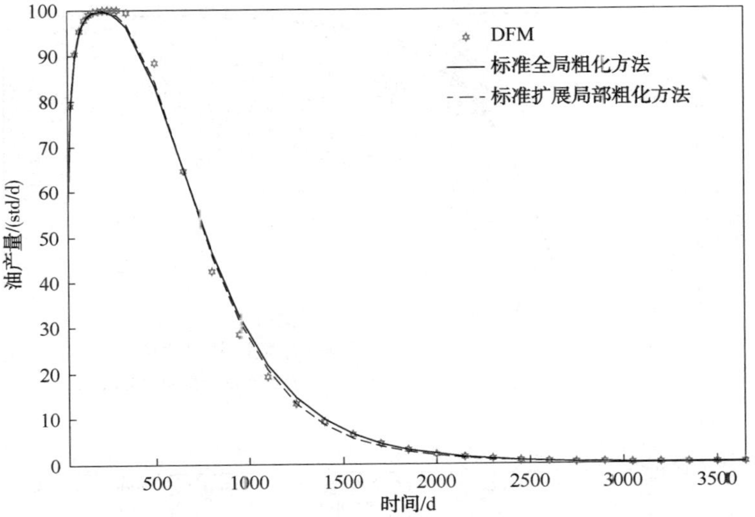


图 4-51　流动情景 1 生产井油产量曲线结果对比

第二个流动模型时，则无法准确模拟裂缝的高速传导能力。相比而言，MPFA-DPDK 的结果是由两个流动情景共同决定的，而且考虑了裂缝造成的粗网格各向异性作用，因此可以提供更为准确可靠的传导率估计。

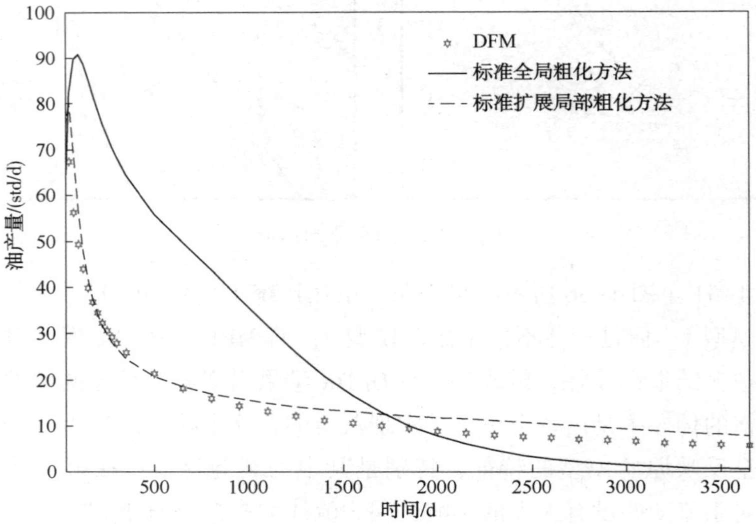


图 4-52　流动情景 2 生产井油产量曲线结果对比

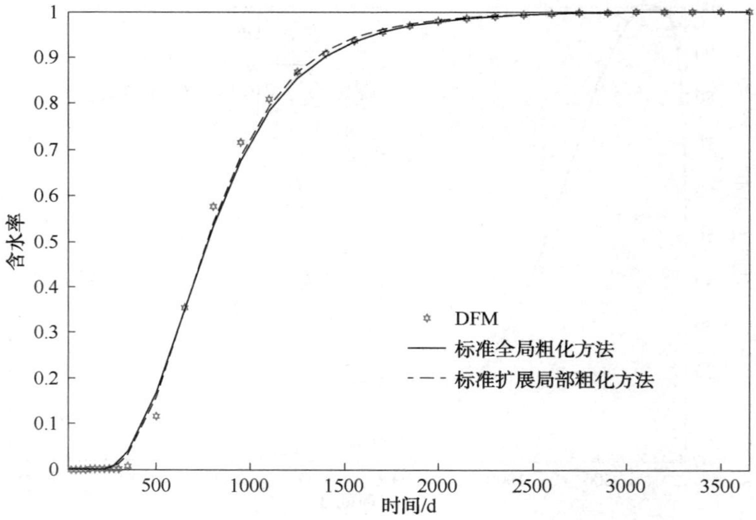


图 4-53　流动情景 1 生产井含水率曲线结果对比

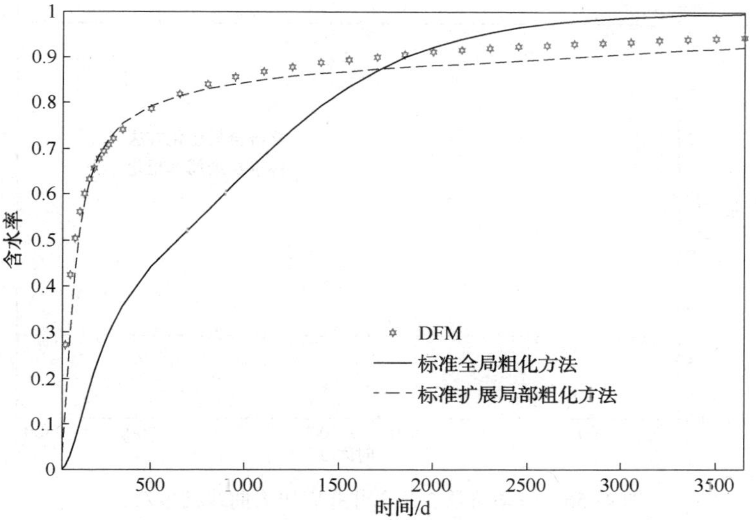


图 4-54 流动情景 2 生产井含水率曲线结果对比

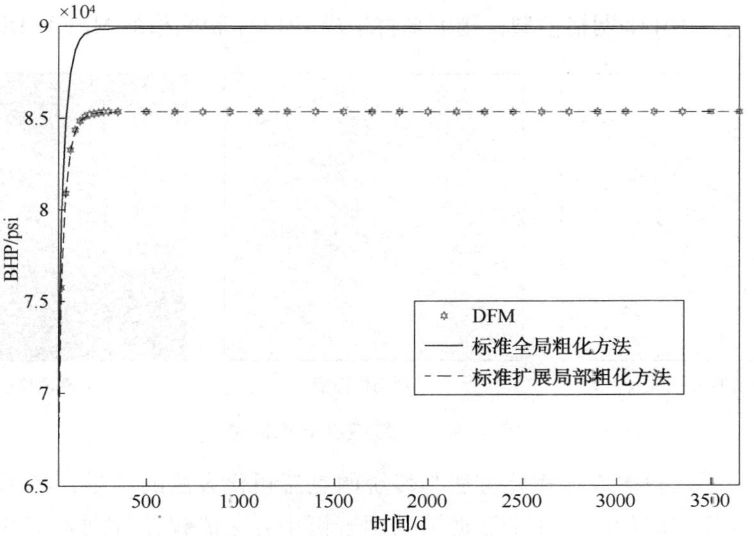


图 4-55 流动情景 1 注水井井底压力曲线结果对比

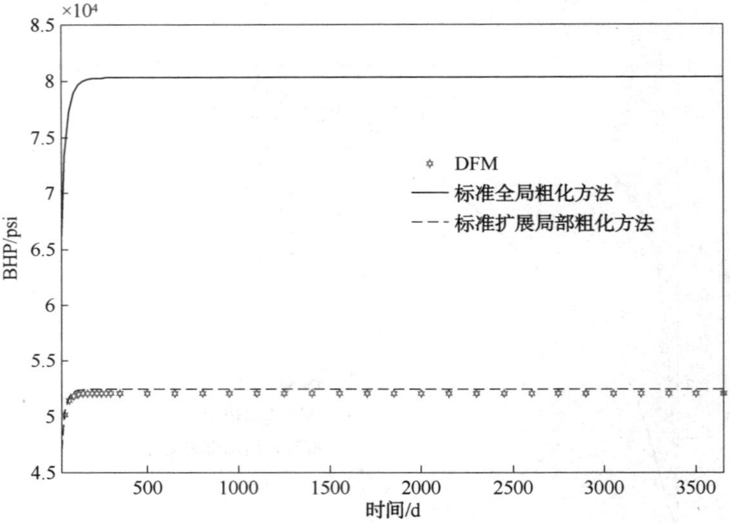


图 4-56　流动情景 2 注水井井底压力曲线结果对比

### （二）二维裂缝网络模型

在二维裂缝网络模型中(见图 4-57)，基质和裂缝的渗透性和孔隙度与前一例子相同。通过非结构化网格剖分，该模型被划分成 12950 个细网格(包括一维裂缝网格)。基于 DFM 细网格模型，接下来将生成 1212 个粗网格的 MPFA-DPDK 模型。

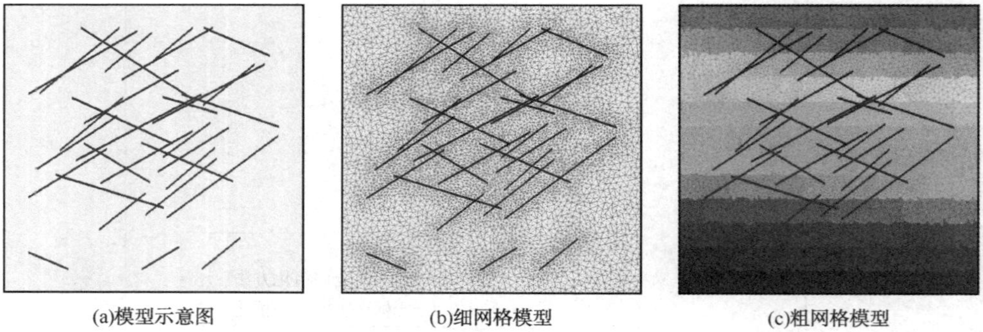


图 4-57　二维裂缝概念模型

为了公平比较多点流粗化方法与传统两点流粗化方法的结果，本书设计了与传统全局优化方法相同的 3 个流动情景用于粗化方法流程，分别是 $x$ 方向定压驱动、$y$ 方向定压驱动和基质-裂缝定压驱动情景。对比模型如图 4-58 第 4 个流动情景所示。此外，DFM 细网格模型作为参考值进行对比。结果如图 4-59 至图 4-66 所示。

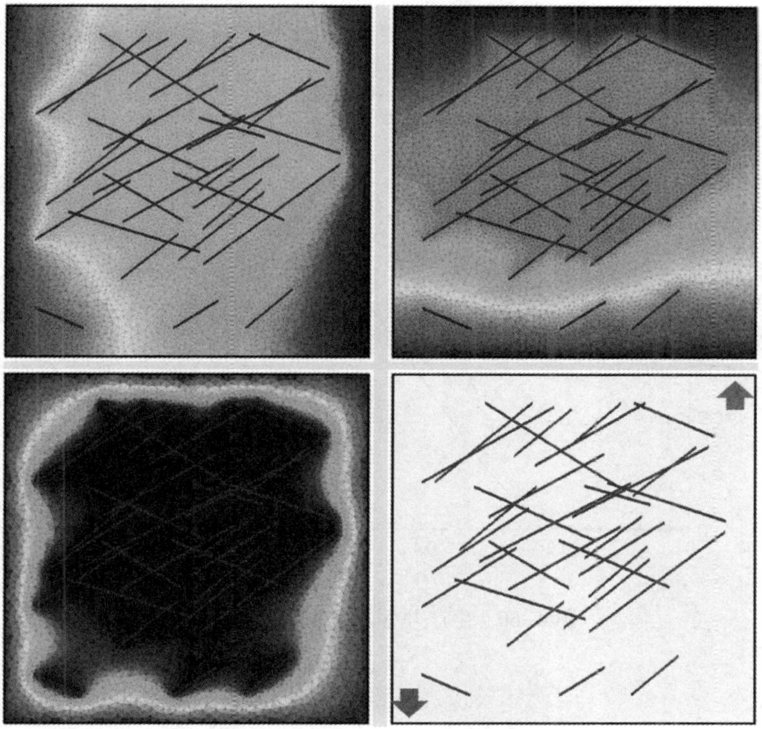

图 4-58　4 个流动情景

（前 3 个用于粗化流程，第 4 个用于数值模拟比较）

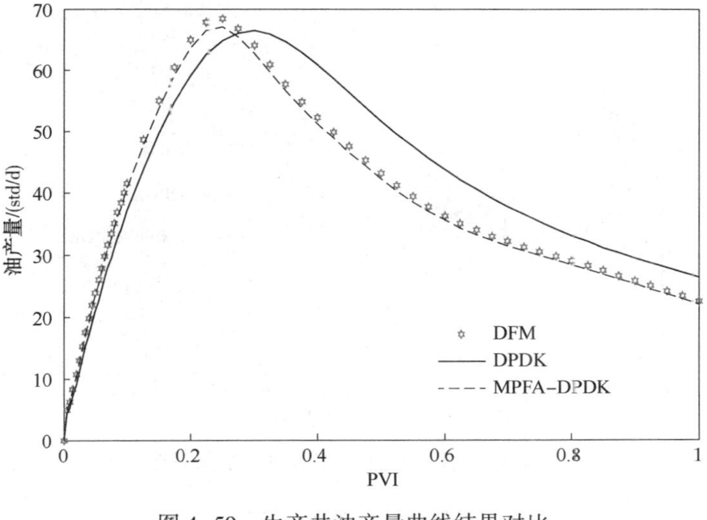


图 4-59　生产井油产量曲线结果对比

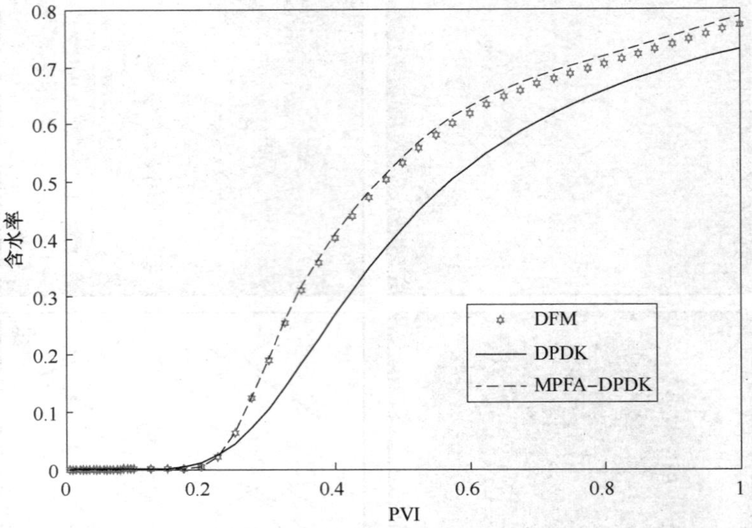


图 4-60　生产井含水率曲线结果对比

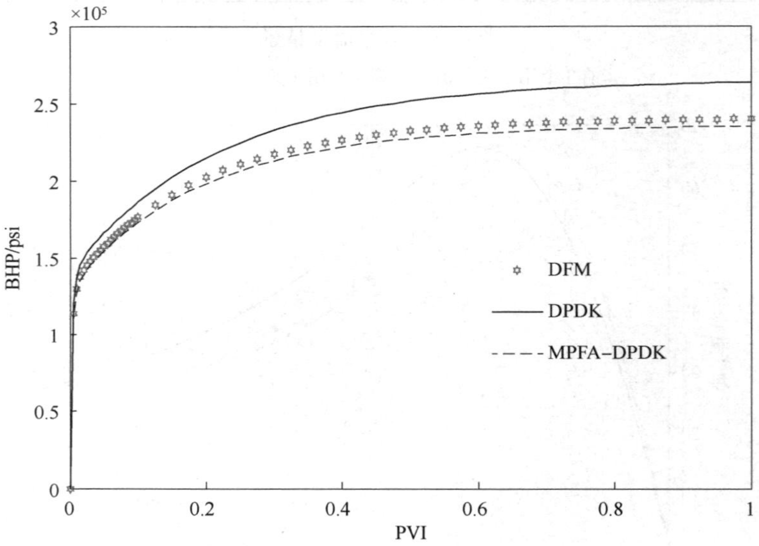


图 4-61　注水井井底压力曲线结果对比

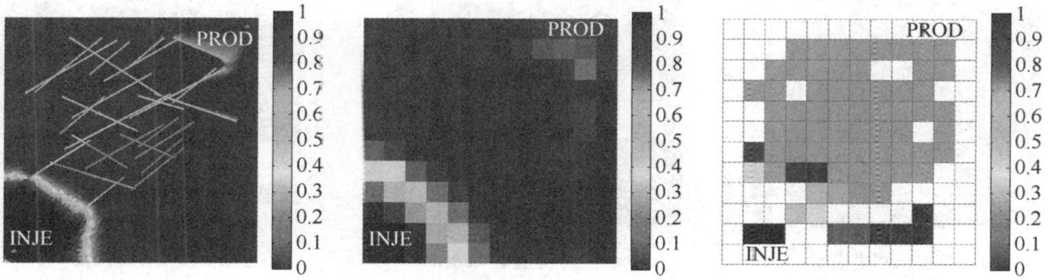


(a)DFM细网格模型　(b)粗网格模型基质网格　(c)粗网格模型裂缝网格

图 4-62　饱和度结果对比：PVI=0.2

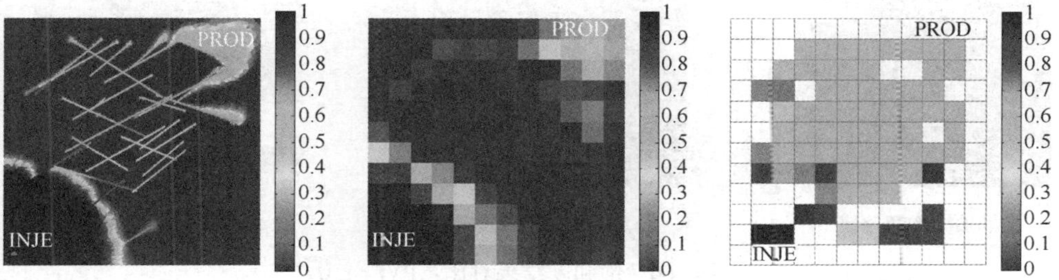


(a)DFM细网格模型　(b)粗网格模型基质网格　(c)粗网格模型裂缝网格

图 4-63　饱和度结果对比：PVI=0.4

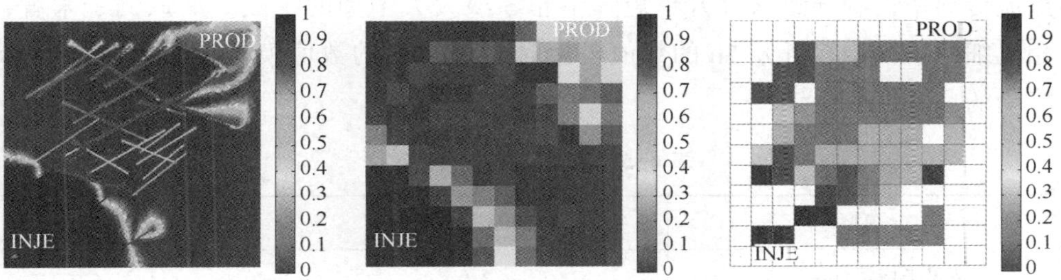


(a)DFM细网格模型　(b)粗网格模型基质网格　(c)粗网格模型裂缝网格

图 4-64　饱和度结果对比：PVI=0.6

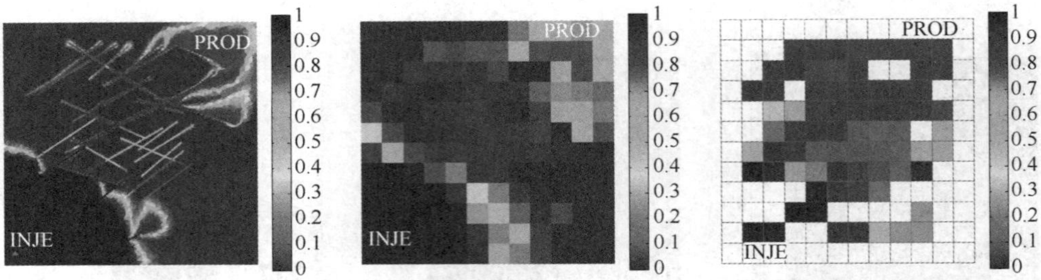


(a)DFM细网格模型　(b)粗网格模型基质网格　(c)粗网格模型裂缝网格

图 4-65　饱和度结果对比：PVI=0.8

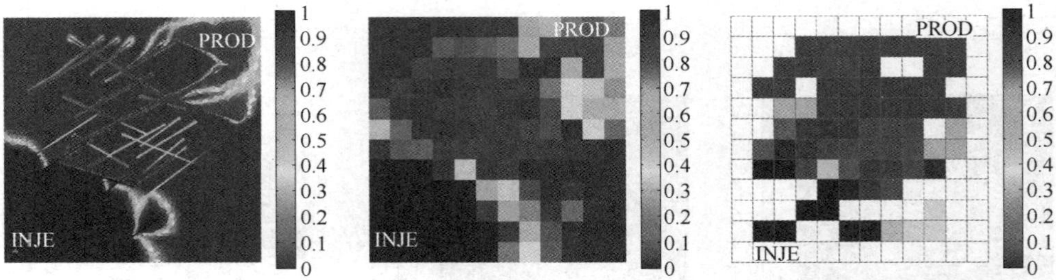


(a)DFM细网格模型　(b)粗网格模型基质网格　(c)粗网格模型裂缝网格

图 4-66　饱和度结果对比：PVI=1.0

上述结果表明，DFM-MPU 方法得到的 MPFA-DPDK 粗网格模型拟合结果优于传统全局粗化方法(见表4-5)。但是，在数值模拟计算时间方面(见表4-6)，采用多点流传导率的粗网格模型较之传统两点流模型要更加耗时，这主要是多点流传导率机制导致求解方程矩阵中非零项大大增加的缘故。从该例子来看，相比细网格模型接近 8.5h 的数值模拟时间，9min 的数值模拟时间应该是容易接受的。

**表 4-5　粗网格模型误差对比**

| 模型 | TPFA-DPDK | MPFA-DPDK |
|---|---|---|
| 流量平均相对误差/% | 5.6 | 1.2 |
| 含水饱和度平均误差 | 0.076 | 0.044 |
| 压力平均相对误差/% | 2.1 | 2.0 |

表 4-6 数值模拟时间对比

| 模型 | DFM | TPFA-DPDK | MPFA-DPDK |
|---|---|---|---|
| 数值模拟时间/s | 30399 | 71 | 539 |
| 加速比 | — | 428.2 | 56.4 |

# 第五节 自适应网格模型

近年来，随着勘探技术、计算机技术以及数值算法等技术的发展，油藏数值模拟的模型不断精细化，具体表现如下。

(1) 模拟区域整体化。全油田级别模拟，从全油田级别调整开发政策、优化技术和经济指标。

(2) 纵向分层细致化。以单砂体刻画技术为代表，纵向分层可达到数百层以上。

(3) 网格与属性精细化。网格及属性的分辨率越来越高，网格数千万级以上。

(4) 裂缝描述定量化。高精度离散裂缝模型越来越受到认可。

不少数值模拟软件开始采用并行算法试图提高计算速度，并提出“不粗化”的口号。然而：并行加速本身受算法加速比、硬件能力等多方面因素的制约，从实际应用情况来看很难达到预想的效果；现阶段对千万级模型拟合-预测-优化的模拟工作，花费的时间一般比以前做百万级别模型更多。因而，精细化建模与数模时刻面临着计算效率的瓶颈，提高计算效率仍是当前数值模拟工作的一大技术挑战。

自适应动态网格模拟技术是目前最先进的网格自动调整技术，是国内外公认的提高计算效率的最有效方法，其基本思路为：在数值模拟过程中，根据饱和度等属性场以及数值计算的参数指标，动态调整网格的疏密程度，使得每一个时间点模型的计算节点都是最优的，避免过密计算的浪费。自适应动态网格加密方法(AMR)使得网格可以随着数值模拟过程中动态变化，以减小计算代价。

早在 20 世纪 90 年代便已有不少高校和学者提出初步设想(如斯坦福大学的 Aziz、Durlofsky 和 Karimi-Fard 等)，然而由于实现上的困难，尤其是对模拟器框架稳定性有很高的要求，应用大多仅限于学术科研领域。得益于灵活度极高的非结构化网格+传导率联通表的全新数模框架，LandSim 是第一个提出该方法的有效具体实现的数值模拟软件。LandSim 中，集成了一种基于有限体积的 AMR 方法，该方法适用于复杂油藏，如裂缝或高渗通道控制的油藏。基于完全非结构化的分层网格，该方法可以精细表征复杂的地质特征。通过引入基于流动的全局传导率粗化方法，可以在任意粗化程度上提供精确的网格间传导率。通过二维高渗通道模型以及裂缝系统模型的应用，以测试该方法的精度与效率。这两种例子的结果都表现了所提出方法的精确性很高，而在整个模拟过程中始终使用不到原始模型 30%的网格。

AMR 提供了一种有效的方法将模型的分辨率调整到解决方案的需求。这些技术在计算物理的许多领域中都得到了很好的发展，如流体动力学和固体力学。然而，它们并未被广泛用于实际的油藏模拟。这可能是地质非均质性引起的并发症的部分原因。

任何 AMR 方法都需要对网格进行细化和粗化处理。在油藏模拟的背景下，当网格在模拟过程中发生变化时，必须更新如孔隙度和渗透率的岩石属性。大多数 AMR 技术都是基于笛卡儿坐标的。例如，对于一个二维问题，使用四叉树数据结构来执行网格优化。在这种情况下，每个本地网格细化创建 4 个新块。这种类型的网格相对容易生成和操作，并且可以通过使用 Octree 数据结构直接扩展到三维问题。然而，对有效(粗网格)属性的评估更加复杂，并且必须应用某种类型的向上扩展技术。

前期，已有许多学者提出了针对不同情形油藏数值模拟的 AMR 方法。Trangenstein(2002)将一种高分辨率离散化方法与 AMR 相结合，用于两组分混合驱油的单相流模型。为了处理非均质性，渗透率和孔隙度是在最细尺度下生成的，并利用非均质场粗化方法计算下一尺度下的渗透率场。Chueh 等人(2010)提出了一种隐式压力-显式饱和度(IMPES)有限元方法，该方法采用多级冲击式自适应改进技术来研究多孔介质中瞬时两相流，并提出了一个解析表达式以描述所有尺度下的渗透率场。Ricker 等人(2012)提出了一种针对块结构化网格的 AMR 方法，该方法允许网格动态地适应流体特性。此外，针对组分模型(Sammon，2003)、非等温模型(Christensen 等，2004)、IOR-EOR 过程(van Batenburg 等，2011)、水驱和溶剂注入(Lavie 等，2011)以及蒸汽溶剂共注入过程(Perez-Perez 等，2014)等问题的 AMR 方法也相继被提出。

在裂缝模型中，需要特别关注的是裂缝带来的极强非均质性。对于这种情况，必须使用更高可靠的高精度算法来确定粗网格的渗透性或传导率。为了实现这个目标，Gerritsen 和 Lambers(2008)提出了一种基于笛卡尔坐标的方法，利用扩展局部-全局框架以计算自适应动态网格过程中的粗化传导率。对于裂缝模型则更具挑战性，因为一个包含裂缝的粗网格属性通常很难用一个等效的孔隙度和渗透率精确地描述，也正是这个原因裂缝模型通常使用双孔双渗模型来表征。理想情况下，可以使用传统单孔模型的 AMR 方法，然而，这需要对裂缝进行高精度细化，以精细刻画裂缝网络的孔隙体积。然而，这种高分辨率的细化对于稍大规模的模型计算代价无疑是过高的。

为了解决上面提到的问题，我们开发了一种新的 AMR 方法，它有两个主要优点。

（1）使用基于全局流动的传导率尺度升级方法构建动态网格模型，该方法提供了准确的局部-全局流动结果，因此它能够捕获关键的网格间连通特性，相比传统简单的渗透率粗化方法，精度更高。

（2）对空间分区使用通用的嵌套分治方法，这提供了一种有效的方法，可以适应于任意复杂地质模型，而不需要过度的细化。这一特性对于有效地表示离散裂缝系统也是必不可少的。

## 一、分级嵌套网格划分

在 AMR 方法中，网格自适应调整的基础来自分级嵌套网格结构。AMR 技术中常见的分层网格的嵌套配置的使用促进了不同层次的网格之间的信息交换。

为了构建分层网格，首先使用精细的非结构化网格离散化地质模型。非均质性和特定的地质特征，如断层和裂缝在这个网格上明确表示。我们把这个网格称为 0 级，这代表最好的改进水平。使用这个细网格，构建一系列粗网格（等级>0）。网格级别 $n$ 的控制量总是由来自网格级别（$n-1$）的单元格组成，从而产生层次关系。该程序的示意图如图 4-67 所示。由于控制体积是通过聚集细网格获得的，所以它们的形状是灵活的并且可以很容易地适应地质。执行细化时可以使用任意数量的细分（低至 0 级），这会产生一个通用的树状数据结构。实际模拟网格是通过组合来自不同层次网格的控制量获得的。网格结合的方式取决于解决方案的要求。

## 二、传导率计算

对于特定的流动问题，一旦定义好数值模拟的网格，则该网格传导率$T_{IJ}$的计算可视为一个粗化问题。在本书中，我们应用了由 Karimi-Fard 等（2006）、Gong 等（2008）以及 Karimi-Fard 和 Durlofsky（2012）开发的基于流量的粗化技术。这些

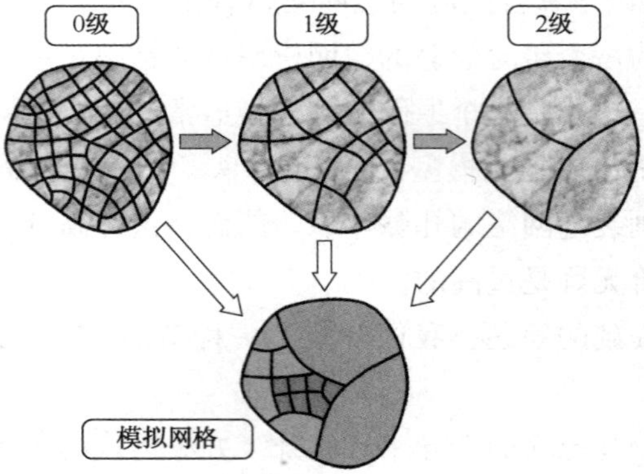


图 4-67　定义分层网格结构的 3 个预先计算的网格集

（模拟网格通过组合来自不同网格的控制量来构建）

方法适用于任意形状控制体积的非结构化网格。另外，这些方法都提供了用于粗化裂缝系统的特殊处理技术。

粗化技术定义每个控制体积 $I$ 的体积 $V_I$ 和孔隙度 $\varphi_i$ 以及两个相邻控制体积 $I$ 和 $J$ 之间的粗略传递率$T_{IJ}$。这些变量可通过式(4-35)~式(4-37)计算：

$$V_I = \sum_{i \in I} v_i \tag{4-35}$$

$$\overline{\varphi}_I = \frac{1}{V_I} \sum_{i \in I} v_i \varphi_i \tag{4-36}$$

$$T_{IJ} = \left| \frac{Q_{IJ}}{P_I - P_J} \right| \tag{4-37}$$

式中　$V_I$——位于粗块 $I$ 内的细网格单元 $i$ 的体积；

$\varphi_i$——位于粗块 $I$ 内的细网格单元 $i$ 的孔隙率。

粗网格平均压力 $P_I$ 和 $P_J$ 以及粗网格流速 $Q_{IJ}$使用细网格压力解决方案（下面讨论）。这些数量由式(4-38)~式(4-40)给出：

$$P_I = \frac{1}{V_I} \sum_{i \in I} v_i p_i \tag{4-38}$$

$$P_J = \frac{1}{V_J} \sum_{j \in J} v_j p_j \tag{4-39}$$

$$Q_{IJ} = \sum_{(i \in I,\ j \in J)} Q_{ij} = \sum_{(i \in I,\ j \in J)} T_{ij}(p_i - p_j) \tag{4-40}$$

式中　$p_i$——$i$ 粗块中的精细压力；

$p_j$——$j$ 粗块中的精细压力。

在流量表达式中，$ij$表示细单元$i$和$j$之间的界面，$T_{ij}$表示该界面的传输率。这个接口包括粗块$I$和$J$之间接口的一部分。

式(4-38)和式(4-39)中用于提供p的细网格压力解决方案对粗糙模型的精度有很大影响。我们根据要计算的可传递性应用不同类型的流量解决方案，对于两个相邻矩阵块或两个相邻裂缝块之间的传递性，使用Karimi-Fard和Durlofsky(2012)中定义的大规模(典型全局)流动问题的线性组合。选择线性组合以提供基本平行于连接两个相邻单元的压力节点的线的流量。对于连接裂缝和相应矩阵的传导性，使用源驱动拟稳态压力解，如Karimi-Fard等(2006)和Gong等(2008)所述。该解决方案捕捉了基质-裂缝流动的双重孔隙性质的重要方面。最后，为了获得井筒和储层之间的传输能力，使用一个良好驱动的流动解决方案。已经证明这些程序中的每一个都能在所引用的论文中提供准确的结果。

## 三、网格之间的属性映射

当模拟过程中网格发生变化时，使用简单的映射技术。我们只对求解变量(压力和饱和度)感兴趣，因为其他属性如上所述直接集成到离散化中。当一个给定的控制量被细化时，所有的子域值被设置为粗略值。当几个控制量被分组到一个单一的较粗控制体积中时，粗略值被设置为所有子域值的体积加权平均值。

## 四、自适应准则和约束

在模拟过程中，使用基于梯度的指标以实现网格的动态调整。目前，仅使用饱和度场作为准则。我们将在示例中展示AMR技术可以准确捕获饱和度前沿。使用当前解决方案为模拟网格中的所有控制量计算饱和梯度幅度的估计值，标记为$|\widetilde{\nabla S}|$。两个参数$\Delta S_{\min}$和$\Delta S_{\max}$控制适应性。如果$|\widetilde{\nabla S}|>\Delta S_{\max}$，该单元格被标记为细化；如果$|\widetilde{\nabla S}|<\Delta S_{\min}$，该单元被标记为粗化。

粗化仅在给定粗调控制体的所有子域符合粗化条件时才执行。另外，只允许两个相邻级别网格之间的调整，这一约束可以使得控制体尺寸的变化更为平滑。

## 五、应用实例

该模型是一个特低渗透油藏，250万网格，控制面积为980m×850m，总厚度为19.2m，总共25口井，其中13口生产井，3口注水井，9口监测井。模型与井位图和渗透率属性场如图4-68和图4-69所示。

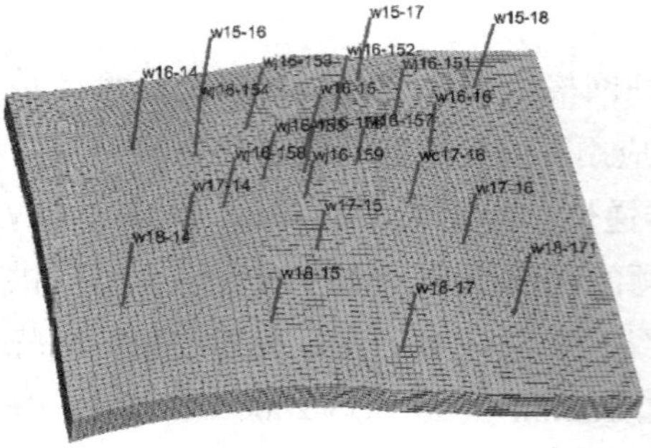

图 4-68　模型与井位示意图

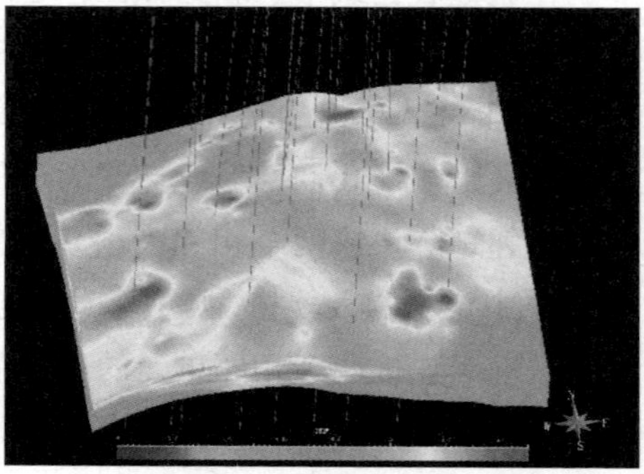

图 4-69　渗透率属性场

应用 AMR 技术，数值模拟耗时从 9h 下降至 15min，结果对比如图 4-70 至图 4-72 所示。

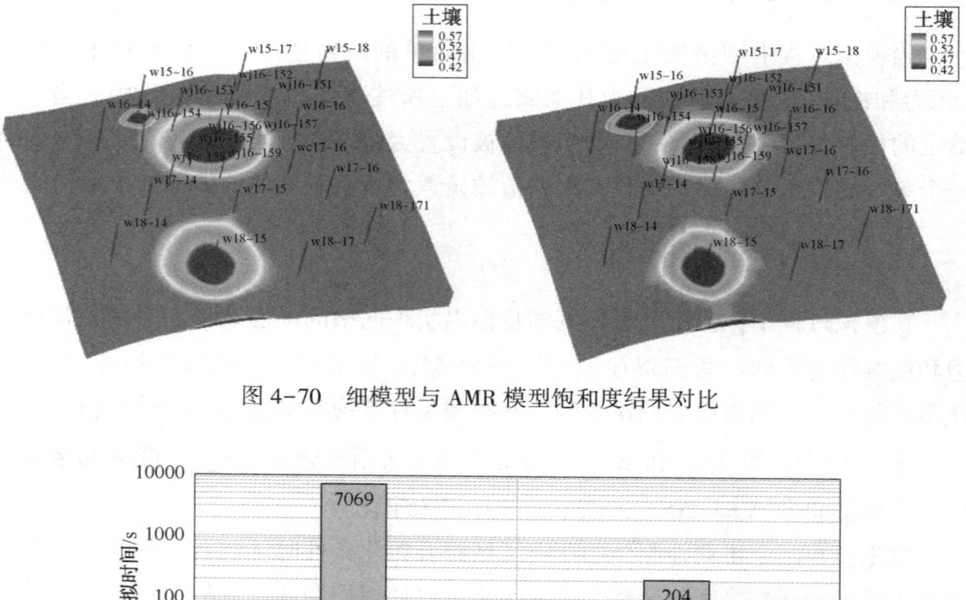


图 4-70　细模型与 AMR 模型饱和度结果对比

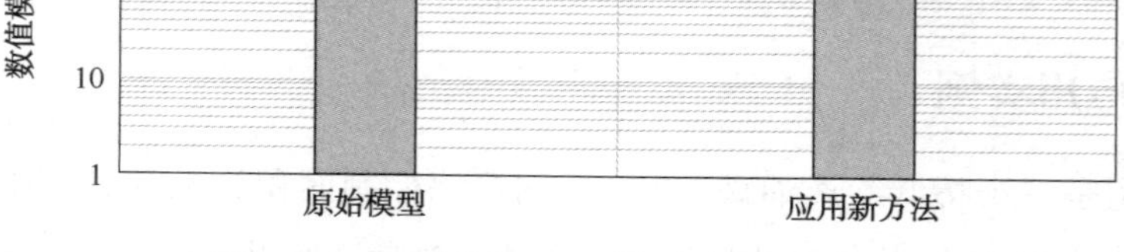


图 4-71　细模型与 AMR 模型计算速度对比

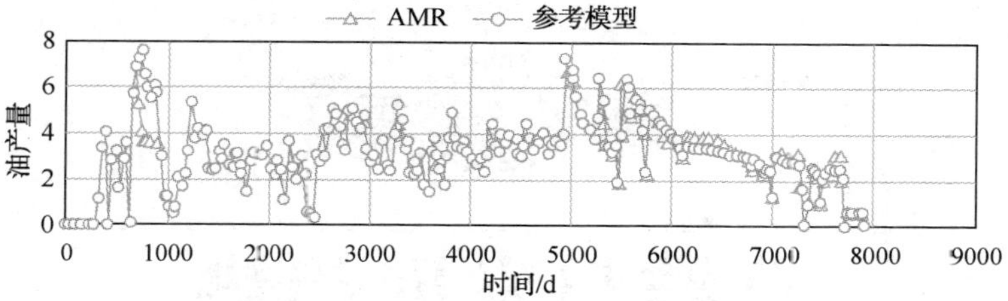


图 4-72 重点井生产曲线对比

# 第五章

# 总结与发展趋势

## 第一节 总　　结

前面对裂缝性储层的建模和数值模拟方法进行了多方面的研究，总结全文的研究内容，得到主要结论如下：

离散裂缝模型可以精细描述裂缝，捕捉裂缝中流体的渗流特性，是目前国际先进的裂缝建模与数模方法体系。

离散裂缝模型主要难点包括非结构化网格剖分、传导率计算以及针对性的高性能线性求解算法等，包括角点网格系统包络面算法、离散裂缝几何体相交、溶洞体几何刻画、缝洞储层分区属性映射等技术细节。本书通过介绍并建立 DFM 数值模拟的完整流程，方法流程在多个实际油田中得到应用。

针对不同类型、不同尺度的裂缝系统，需建立分级裂缝网格模型，用快速等效连续介质模型模拟小尺度、低置信度、连通性强的裂缝网络系统，用高精度离散裂缝模型模拟大尺度、高置信度、连通性差的裂缝网络系统，有效解决了不同类型裂缝网络系统的置信度与模拟计算精度之间的矛盾。

前面介绍了裂缝模型的若干方法，综合后如表 5-1 所示。

**表 5-1　裂缝模型若干方法的对比**

| | 优点 | 缺点 | 适用于 | 不适用于 |
|---|---|---|---|---|
| 小尺度裂缝基质等效方法 | 等效计算简单快捷，不增加数值模拟网格 | | 小尺度裂缝网络建模 | 中、大尺度裂缝网络建模 |
| 中尺度裂缝双孔模型方法 | 裂缝介质属性计算较为快捷，仅改变数值模拟网格，无须更改几何网格 | | 中尺度裂缝网络建模 | 小、大尺度裂缝网络建模 |

续表

| | 优点 | 缺点 | 适用于 | 不适用于 |
|---|---|---|---|---|
| 局部网格加密的结构化网格模型 | 网格简单，建模快捷 | 无法显式描述较复杂的裂缝 | 简单裂缝模型，如概念模型 | 复杂裂缝模型 |
| 基于四面体的离散裂缝模型 | 网格灵活，不受模型边界及裂缝倾角的影响 | 网格数量较多<br>缺乏“地层”概念 | 复杂裂缝网络及地层条件 | 薄层<br>层间高非均质性储层 |
| 基于三棱柱网格的离散裂缝模型 | 精细表示裂缝的同时，保留地层的信息 | 要求裂缝为高角度缝<br>要求模型顶底层面拓扑对应 | 高角度裂缝性储层 | 任意倾角的复杂裂缝性储层 |

# 第二节 趋势及发展方向

随着裂缝探测技术不断趋于精细化、定量化、显式化，裂缝建模与数模技术也不断往精细化与大模型化方向推进。总的来说，未来裂缝建模与数模技术的发展呈现以下几个趋势：

（1）模型往大规模化发展(见图 5-1)，计算效率面临更大的挑战，主要是对高性能线性求解器更高的要求，计算资源与数据分离的“云计算”可能是一个潜力巨大的新兴模式；

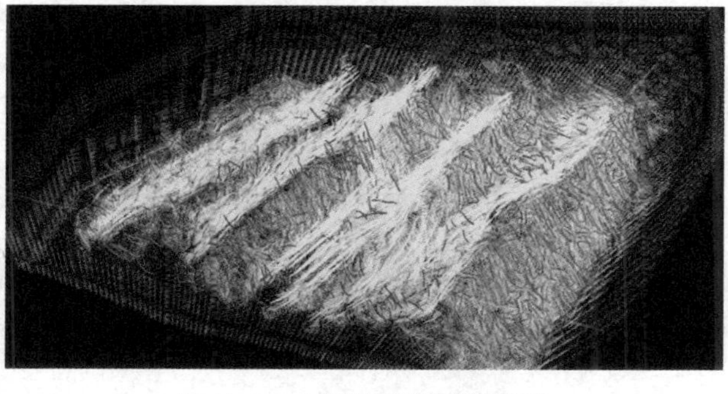

图 5-1 大规模离散裂缝模型

（2）不同级别、尺度、类型的裂缝都被精细化描述，要求相对应的混合网格模型或者自适应匹配的动态网格模型(见图 5-2)；

（3）由于裂缝来源的多样性以及建模数模方法的复杂性，裂缝性油气藏建模数模一体化软件将成为工作的主要平台(见图 5-3)。

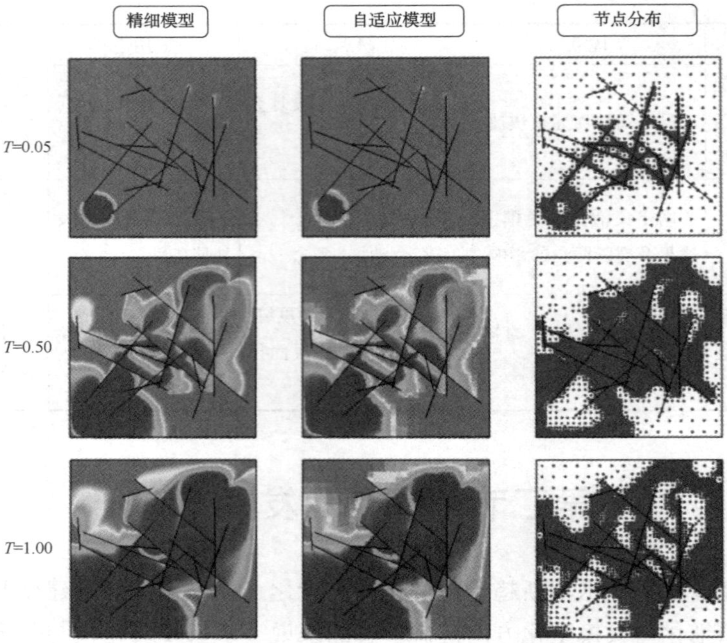


图 5-2　自适应网格加密离散裂缝模型示意图

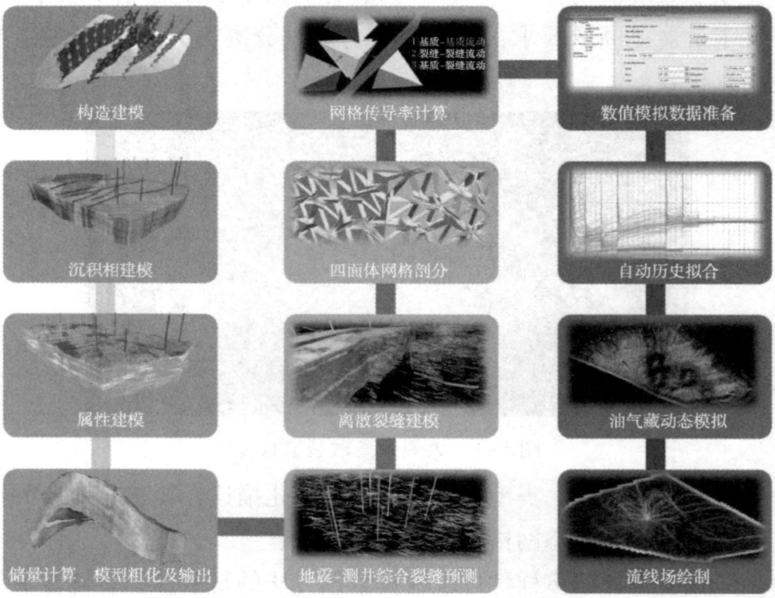


图 5-3　裂缝建模与数模一体化流程框架

# 参 考 文 献


[1] 袁士义，宋新民，冉启全. 裂缝性油藏开发技术[M]. 北京：石油工业出版社，2004.

[2] Gong B. Effective models of fractured systems[D]. Stanford University, 2007.

[3] BARENBLATT G I, ZHELTOV YU P. Fundamental equations for the filtration of homogeneous fluids through fissured rocks[J]. Doklady Akademii Nauk SSSR, 1960, 132(3): 545-548.

[4] WARREN J E, ROOT P J. The behavior of naturally fractured reservoirs[J]. Society of Petroleum Engineers Journal, 1963, 3(3): 245-255.

[5] KAZEMI H, MERRILL JR L S, PORTERFIELD K L, et al. Numerical simulation of water-oil flow in naturally fractured reservoirs[J]. Society of Petroleum Engineers Journal, 1976, 16(6): 317-326.

[6] DEAN R H, LO L L. Simulations of naturally fractured reservoirs[J]. SPE Reservoir Engineering, 1988, 3(2): 638-648.

[7] AAVATSMARK I. An introduction to multipoint flux approximations for quadrilateral grids[J]. Computational Geosciences, 2002, 6(34): 405-432.

[8] Hill A C, Thomas G W. A new approach for simulating complex fractured reservoirs[C]. SPE Middle East Oil and Gas Show and Conference. SPE, 1985: SPE-13537-MS.

[9] BLASKOVICH F T, CAIN G M, SONIER F, et al. A multicomponent isothermal system for efficient reservoir simulation[J]. paper SPE, 1983, 11480: 14-17.

[10] SONIER F, SOUILLARD P, BLASKOVICH F T. Numerical simulation of naturally fractured reservoirs[R]. (1986).

[11] HOLDEN L, NIELSEN B F. Global upscaling of permeability in heterogeneous reservoirs; the output least squares(ols) method[J]. Transport in Porous Media, 2000, 40(2): 115-143.

[12] GILMAN J R, KAZEMI H. Improved calculations for viscous and gravity displacement in matrix blocks in dual-porosity simulators[J]. Journal of Petroleum Technology, 1988, 40(1): 60-70.

[13] DYKHUIZEN R C. A new coupling term for dual-porosity models[J]. Water Resources Research, 1990, 26(2): 351-356.

[14] ZIMMERMAN R W, CHEN G, HADGU T, et al. A numerical dual-porosity model with semianalytical treatment of fracture/matrix flow[J]. Water Resources Research, 1993, 29(7): 2127-2137.

[15] PENUELA G, CIVAN F, HUGHES R G, et al. Time-dependent shape factors for interporosity flow in naturally fractured gas-condensate reservoirs[C]//Society of Petroleum Engineers, 2002.

[16] SARMA P, AZIZ K. New transfer functions for simulation of naturally fractured reservoirs with

dual-porosity models[D]. STANFORD University, N1-2014-12-01 02: 33: 00, 2003.

[17] PRUESS K, NARASIMHAN T. A practical method for modeling fluid and heat flow in fractured porous media[J]. Society of Petroleum Engineers Journal, 1985, 25(1): 14-26.

[18] WU Y S, PRUESS K. A multiple-porosity method for simulation of naturally fractured petroleum reservoirs[J]. SPE Reservoir Engineering, 1988, 3(1): 327-336.

[19] BOURBIAUX B, CACAS M C, SARDA S, et al. A rapid and efficient methodology to convert fractured reservoir images into a dual-porosity model[J]. Revue De L'Institut Francais Du Petrole, 1998, 53(6): 785-799.

[20] DERSHOWITZ B, LAPOINTE P, EIBEN T, et al. Integration of discrete feature network methods with conventional simulator approaches[J]. SPE Reservoir Evaluation & Engineering, 2000, 3(2): 165-170.

[21] SARDA S, JEANNIN L, BOURBIAUX R. Hydraulic characterization of fractured reservoirs: simulation on discrete fracture models[J]. SPE Reservoir Evaluation & Engineering, 2002, 5(2): 154-162.

[22] LI L Y, LEE S H. Efficient field-scale simulation for black oil in a naturally fractured reservoir via discrete fracture networks and homogenized media[C]//Society of Petroleum Engineers, 2006.

[23] VITEL S, SOUCHE L. Unstructured upgridding and transmissibility upscaling for preferential flow paths in 3D fractured reservoirs[C]//Society of Petroleum Engineers, 2007.

[24] Moinfar A, Varavei A, Sepehrnoori K, et al. Development of a coupled dual continuum and discrete fracture model for the simulation of unconventional reservoirs[C]. SPE Reservoir Simulation Symposium, The Woodlands, TX, USA, 2013: 18-20.

[25] BACA R G, ARNETT R C, LANGFORD D W. Modelling fluid flow in fractured-porous rock masses by finite-element techniques[J]. International Journal for Numerical Methods in Fluids, 1984, 4(4): 337-348.

[26] JUANES R, SAMPER J, MOLINERO J. A general and efficient formulation of fractures and boundary conditions in the finite element method[J]. International Journal for Numerical Methods in Engineering, 2002, 54(12): 1751-1774.

[27] MATTHÄI S K, MEZENTSEV A, BELAYNEH M. Control-volume finite-element two-phase flow experiments with fractured rock represented by unstructured 3D hybrid meshes[C]//Society of Petroleum Engineers, 2005.

[28] AAVATSMARK I, BARKVE T, BØE O, et al. Discretization on unstructured grids for inhomogeneous, anisotropic media. Part Ⅰ: Derivation of the methods[J]. SIAM Journal on Scientific Computing, 1998, 19(5): 1700-1716.

[29] AAVATSMARK I, BARKVE T, BØE O, et al. Discretization on unstructured grids for inho-

mogeneous, anisotropic media. Part Ⅱ: Discussion and numerical results[J]. SIAM Journal on Scientific Computing, 1998, 19(5): 1717-1736.

[30] EDWARDS M G. M-matrix flux splitting for general full tensor discretization operators on structured and unstructured grids[J]. Journal of Computational Physics, 2000, 160(1): 1-28.

[31] KARIMI-FARD M, FIROOZABADI A. Numerical simulation of water injection in fractured media using the discrete-fracture model and the Galerkin method[J]. SPE Reservoir Evaluation & Engineering, 2003, 6(2): 117-126.

[32] KARIMI-FARD M, DURLOFSKY L J, AZIZ K. An efficient discrete-fracture model applicable for general-purpose reservoir simulators[J]. SPE Journal, 2004, 9(2): 227-236.

[33] SANDVE T H, BERRE I, NORDBOTTEN J M. An efficient multi-point flux approximation method for Discrete Fracture-Matrix simulations[J]. Journal of Computational Physics, 2012, 231(9): 3784-3800.

[34] GERRITSEN M G, DURLOFSKY L J. Modeling fluid flow in oil reservoirs[J]. Annu. Rev. Fluid Mech., 2005, 37: 211-238.

[35] DURLOFSKY LOUIS J. Upscaling of geocellular models for reservoir flow simulation: a review of recent progress[C]//Citeseer, 2003: 23-27.

[36] Durlofsky L J. Upscaling and gridding of fine scale geological models for flow simulation[C]. 8th International forum on reservoir simulation Iles Borromees, Stresa, Italy. Citeseer, 2005, 2024: 1-59.

[37] CHEN Y, DURLOFSKY L J, GERRITSEN M, et al. A coupled local-global upscaling approach forsimulating flow in highly heterogeneous formations[J]. Advances in Water Resources, 2003, 26(10): 1041-1060.

[38] CHEN Y G, DURLOFSKY L J. Adaptive local-global upscaling for general flow scenarios in heterogeneous formations[J]. Transport in Porous Media, 2006, 62(2): 157-185.

[39] DURLOFSKY L J, EFENDIEV Y, GINTING V. An adaptive local-global multiscale finite volume element method for two-phase flow simulations[J]. Advances in Water Resources, 2007, 30(3): 576-588.

[40] Aavatsmark I. Multipoint flux approximation methods for quadrilateral grids[C]. 9th International forum on reservoir simulation, Abu Dhabi. 2007: 9-13.

[41] JENNY P, LEE S H, TCHELEPI H A. Multi-scale finite-volume method for elliptic problems in subsurface flow simulation[J]. Journal of Computational Physics, 2003, 187(1): 47-67.

[42] LAMBERS J V, GERRITSEN M G, MALLISON B T. Accurate local upscaling with variable compact multipoint transmissibility calculations [J]. Computational Geosciences, 2008, 12 (3): 399-416.

[43] KARIMI-FARD M, GONG B, DURLOFSKY L J. Generation of coarse-scale continuum flow

models from detailed fracture characterizations [ J ]. Water Resources Research, 2006, 42 (10): W10423.

[44] CHEN Y G, MALLISON B T, DURLOFSKY L J. Nonlinear two-point flux approximation for modeling full-tensor effects in subsurface flow simulations [ J ]. Computational Geosciences, 2008, 12(3): 317-335.

[45] CHEN T H, GERRITSEN M G, LAMBERS J V, et al. Global variable compact multipoint methods for accurate upscaling with full-tensor effects[ J ]. Computational Geosciences, 2010, 14(1): 65-81.

[46] GONG B, KARIMI-FARD M, DURLOFSKY L J. Upscaling discrete fracture characterizations to dual-porosity dual-permeability models for efficient simulation of flow with strong gravitational effects[ J ]. SPE Journal, 2008, 13(1): 58-67.

[47] GONG B, QIN G. A hybrid upscaling procedure for modeling of fluid flow in fractured subsurface formations[ J ]. International Journal of Numerical Analysis & Modeling, 2012, 9(3).

[48] HUI M H, MALLISON B T, FYROZJAEE M H, et al. The upscaling of discrete fracture models for faster coarse-scale simulations of IOR and EOR processes for fractured reservoirs[ C ]// Society of Petroleum Engineers, 2013.

[49] Karimi-Fard M, Durlofsky L J. Unstructured adaptive mesh refinement for flow in heterogeneous porous media[ C ]. ECMOR XIV-14th European conference on the mathematics of oil recovery. European Association of Geoscientists & Engineers, 2014, 2014(1): 1-9.

[50] 穆龙新，赵国强. 储层裂缝预测研究[ M ]. 北京：石油工业出版社，2009.

[51] VAN GOLF - RACHT THEODOR D. Fundamentals of fractured reservoir engineering [ M ]. Elsevier, 1982.

[52] Mandelbrot B B. Self-affine fractal sets, I: The basic fractal dimensions[ M ]. Fractals in physics. Elsevier, 1986: 3-15.

[53] THOMSEN L. Weak elastic anisotropy[ J ]. Geophysics, 1986, 51(10): 1954-1966.

[54] HANG S. TETGEN. a 3D delaunay tetrahedral mesh generator. v. 1. 2 users manual [ R ]. (2002).

[55] SHEWCHUK, RICHARD J. Triangle: Engineering a 2D quality mesh generator and Delaunay triangulator[ M ]//Applied computational geometry towards geometric Engineering. Springer, 1996: 203-222.

[56] GOLDTHORPE W H, CHOW Y S. Unconventional modelling of faulted reservoirs: a case study [ C ]//OnePetro, 1985.

[57] CAO H. Development of techniques for general purpose simulators[ D ]. Stanford University, N1-Development of techniques for general purpose simulators, 2002.

[58] CHEN Y G. Upscaling and subgrid modeling of flow and transport in heterogeneous reservoirs

[D]. Stanford University, N1-Durlofsky, Louis J., 2005[2014-12-01].

[59] SARDA S, JEANNIN L, BASQUET R, et al. Hydraulic characterization of fractured reservoirs: simulation on discrete fracture models[J]. SPE Reservoir Evaluation & Engineering, 2002, 5(02): 154-162.

[60] LIM K T, AZIZ K. Matrix-fracture transfer shape factors for dual-porositysimulators[J]. Journal of Petroleum Science and Engineering, 1995, 13(3-4): 169-178.

[61] LIM K T, SCHIOZER D J, AZIZ K. A new approach for residual and jacobian arrays construction in reservoir simulators[J]. SPE Computer Applications, 1995, 7(4): 93-96.

[62] PALAGI C L, AZIZ K. Modeling vertical and horizontal wells with Voronoi grid[J]. SPE Reservoir Engineering, 1994, 9(1): 15-21.

[63] TRANGENSTEIN J A. Multi-scale iterative techniques and adaptive mesh refinement for flow in porous media[J]. Advances in Water Resources, 2002, 25(8-12): 1175-1213.

[64] CHUEH C C, SECANELL M, BANGERTH W, et al. Multi-level adaptive simulation of transient two-phase flow in heterogeneous porous media[J]. Computers & fluids, 2010, 39(9): 1585-1596.

[65] RICKER P M, TAAM R E. An AMR study of the common-envelope phase of binary evolution [J]. The Astrophysical Journal, 2012, 746(1): 74.

[66] SAMMON P H. Dynamic grid refinement and amalgamation for compositional simulation [C/OL]//SPE Reservoir Simulation Conference? SPE, 2003: SPE-79683[2024-05-06].

[67] CHRISTENSEN J R, DARCHE G, DECHELETTE B, et al. Applications of dynamic gridding to thermal simulations[C/OL]//SPE Western Regional Meeting. SPE, 2004: SPE-86969 [2024-05-06].

[68] VAN BATENBURG D W, BOSCH M, BOERRIGTER P M, et al. Application of dynamic gridding techniques to IOR/EOR-processes[C/OL]//SPE Reservoir Simulation Conference? SPE, 2011: SPE-141711[2024-05-06].

[69] PEREZ-PEREZ A, MUJICA M, BOGDANOV I, et al. A methodological analysis of the mechanisms associated with steam/solvent coinjection processes using dynamic gridding[J]. SPE Journal, 2016, 21(6): 2238-2249.

[70] LAVIE G, TORRES J A, KAMP A M. An evaluation of criteria for dynamic gridding during reservoir simulation of water flooding and solvent injection[C/OL]//SPE Reservoir Simulation Conference? SPE, 2011: SPE-141796[2024-05-06].

[71] GERRITSEN M, LAMBERS J V. Integration of local-global upscaling and grid adaptivity for simulation of subsurface flow in heterogeneous formations[J]. Computational Geosciences, 2008, 12(2): 193-208.